植物学家
的苗圃

BOTANISTS'NURSERIES

Great!

史军 著　子鵺坊 绘

科学普及出版社
·北 京·

图书在版编目 (CIP) 数据

Great! 植物学家的苗圃 / 史军著 ; 子鹓坊绘 .
北京 : 科学普及出版社，2019.8
　　（青年科学家趣谈科学）
　　ISBN 978-7-110-09886-8

　　Ⅰ．①G… Ⅱ．①史… ②子… Ⅲ．①植物－青少年读
物 Ⅳ．① Q94-49

中国版本图书馆 CIP 数据核字（2018）第 216493 号

总 策 划	《知识就是力量》杂志社	
策划编辑	郭　晶　何郑燕	
责任编辑	李银慧	
封面设计	胡美岩	
正文设计	胡美岩	
责任校对	杨京华	
责任印制	徐　飞	

出　　版	科学普及出版社
发　　行	中国科学技术出版社有限公司发行部
地　　址	北京市海淀区中关村南大街16号
邮　　编	100081
发行电话	010-62173865
传　　真	010-62179148
网　　址	http://www.cspbooks.com.cn

开　　本	787mm×1092mm 1/16
字　　数	198千字
印　　张	12.5
版　　次	2019年8月第1版
印　　次	2019年8月第1次印刷
印　　刷	北京利丰雅高长城印刷有限公司
书　　号	ISBN 978-7-110-09886-8/Q・242
定　　价	45.00元

前言

无处不在的苗圃

作为一名植物学工作者，我被问到最多的问题就是："这是什么？能吃吗？好吃吗？"这有着中国特色的三连问，似乎所有的花花草草都是为了满足人类的口腹之欲而生。在国人的心目当中，植物终究是与食物捆绑得更紧密一些。植物究竟是什么？花草是如何生活的？反倒很少有人去深究。

有意思的是，在三连问植物越来越多的同时，有很多朋友跟我抱怨，现在的孩子接触自然的机会太少了。可是为什么在我的眼睛里，即便是在钢筋混凝土的城市森林中，到处都是自然奋斗的痕迹。且不说那些耀眼的樱花和海棠，也不说那些幽香的蜡梅和兰花，单单是那些在地砖缝里顽强生长的苔藓、从阳台的缝隙里钻出来的泡桐幼苗、在墙角边向我们挥舞花朵的荠菜，所有的一切都在提醒我们，这个星球仍然在绿色生命的掌控之中，人类终究只是自然的一个组成部分而已。

自然从来没有离开我们，它们只是被隐形了。

于是，我开始尝试说服大家，从家门口开始，从菜市场开始，从身边的绿叶开始，重新审视自己与植物的关系，重新找回从我们眼皮下溜走的自然。然而，这样的努力谈何容易。

忽然有一天，我想起了在金庸先生的小说《神雕侠侣》中有过一段描写，说的是剑冢里，独孤求败对不同剑的选择："无名利剑，凌厉刚猛，无坚不摧，弱冠前以之与河朔群雄争锋。紫薇软剑，三十岁前所用，误伤义士不祥，悔恨无已，乃弃之深谷。重剑无锋，大巧不工，四十岁前持剑横行天下。四十岁后，不滞于物，草木竹石均可为剑。自此精修，渐进于无剑胜有剑之境。"现在看来，植物学工作者向公众讲述花草故事的过程，与之何其相似。

在刚刚接触植物学的时候，我关注到的是植物的色彩之美，幽香之妙，而这些正是花卉进入人类生活的一大理由。虽然在填饱肚子之前，任何人也不会谈及花朵的审美，就像牡丹最初是作为柴火出现在我们的灶台下。牡丹芍药，这些植物的外表固然惊艳，但正如凌厉的无名利剑，虽然刚猛却无法持久，充其量只是视觉上的刺激而已。没有故事的艳丽无法深入人心。

时间长了，我们慢慢发现，植物的美其实就是生命之美，鹤望兰那神似仙鹤的花朵并不是为了吸引人类，而是为了让鸟儿精准传递花粉；蕙兰那四溢的阵阵甜香并不是为了熏香我们的居室，只是为了骗取免费的花粉搬运工；梅花在早春时节凌寒绽放，也不是为了显示风骨和气节，只是避免了在繁花似锦的时候排队等候为花朵服务的蜂蝶。于是知识变成了故事，然而这还不够，再精妙的植物生存故事也仅仅是发烧友群体的谈资而已。而这些故事终究是要依赖于那些特别的植物，正如大巧不工的重剑，虽然早已不似伤人利器，但它终究还是把剑。

与植物紧密结合在一起的人类历史，无疑是植物故事的再升级版本。推动期货交易的郁金香，向世界显示日不落帝国强盛的王莲，与转基因技术密不可分的矮牵牛，这些植物绝不仅仅是简单的点缀花瓶的玩物，而是与人类历史和命运捆绑在一起的重要角色。细细品咂，一幅别样的人类历史画卷就在花坛之中、案几之上。不需要过多的渲染，不需要过多的强调，看植物的故事，更是看人类的命运。正如绝世武功中，草木竹石皆可为剑一样，真正的植物学家苗圃处处皆有故事。

植物学家的苗圃不在任何一个地方，却又无处不在。植物学家的苗圃不是一个苗圃，却是世界上最大的植物乐园。愿大家在这里重新看到自己心仪的自然。

史军

目录

第一章 行道之侧

金银木：
时间和城市森林的融合

中文名: 金银木

学名: *Lonicera maackii*

中国人特别喜欢用时间来说事儿，什么"时不我待"，什么"只争朝夕"，什么"时间就如同从指缝间划过的水珠"，形容时间宝贵和一去不返的辞藻数不胜数，总之就一句话，赶时间。

这事儿也是跟我们所处的生活环境有关系，中国国土的绝大部分都处在季节交替明显的温带和亚热带区域。特别是文明起源的核心区域黄河中下游流域，更是冬有严寒、春有风沙、夏有酷暑，秋天还有秋老虎，一年四季人们都需要为生存争分夺秒，多囤积一点儿粮食，多修缮一片屋顶，都可能是性命攸关的事情。

其实在植物世界中，也有相当多对时间敏感的物种。它们可不像人们通常想象的那样任由时间挥洒，它们甚至会把时间记录在自己的花瓣之上。虽然外表平凡，却是城市的重要组成部分，它们的存在也时刻提醒人们，季节在变化。它就是今天故事的主角——金银木。

硬身板的金银木

金银木和金银花的名字只有一字之差，就连正式中文名也只是有金银忍冬和忍冬的差别。但是这两种植物的个头儿和身板都相差甚远。金银木是长成小树或者篱笆的样子，而金银花则长成藤子的模样攀附在墙壁或者篱笆之上。至于说花朵的个头，虽然金银木的植株更大，但是它们的花朵倒显得更小一些。

这两兄弟的花朵实在是太相像了，都是一副拉长的嘴唇模样，散播花粉的雄蕊和接受花粉的柱头都伸在花瓣之外，生怕错过了繁殖后代的重要任务。

金银木的生长范围远比金银花要广，从我国的东北到西南都有金银木的分布，在国外，例如俄罗斯、朝鲜和日本也都有金银木的分布。这还得益于这种植物强大的环境适应能力。

忍冬，真的耐得住冬天的冷吗

忍冬科是一个成员异常独特的科，整个家族的变化十分巨大，从藤子模样，到小树模样的都有。当然了，大家还是更关心忍冬这个名字的来历，它们真的抗寒吗？毫无疑问，很多忍冬科植物确实生长在高山草甸和北极圈之内这些寒冷的地方，抗寒的能力可见一斑。

植物的抗寒能力通常是与植物体内水的分布状况和可溶性物质的多少有关系。植物体内的水有两种，一种是死赖在细胞中不走的结合水；另一种是可以在细胞内外自由穿梭的自由水。自由水越多，植物细胞的抗冻性就越强。因为在温度降低的时候，细胞可以把自由水赶到细胞之外去，这样做的结果就是细胞内产生的冰晶变少了，对细胞的伤害也就更小了。此外，可溶性的蛋白质、氨基酸和多糖的数量足够多，就会拉低细胞内溶液的冰点，道理就像下雪天撒盐，可以帮助融雪一样。这些可溶性物质的大量存在，能够让植物细胞尽可能远离冰冻困扰。而很多忍冬科植物就具备这样的抗寒绝技。

即便是同样一个物种，这两个条件的改变也会对植物的生长产生巨大影响，耐寒的长绿期金银木的生长期要比普通金银木长23~31天。于是，金银木成了现代城市绿化的宠儿。

当然，对金银木（金银忍冬）而言，更吸引人的是它们的双色花朵。

时间写在花瓣之上

不管是金银木，还是金银花都只会开一种花，那些白色的花不过是些新开的花朵，而那些变黄的花朵，其实是开放时间比较早的花朵。金银木和金银花的老花朵并没有很快脱落。道理很简单，这些花朵虽然已经完成了生殖的任务，但仍然是很好的广告牌呢。毕竟花多力量大，有更多的花朵聚在一起，就能让蜜蜂们更容易看到这个大广告牌。

可是，问题来了，被招引来的蜜蜂如果不知道哪朵花是先开的，哪朵花是后开的，乱忙活一通岂不是坏了花朵的大事儿？于是，金银木安排老花瓣们换上金黄色的外套。这样一来，被吸引来的蜜蜂就知道该去哪里找花蜜了！

其实，植物花朵变色并不只发生在金银木、金银花身上。在热带海边，我们能看到一种叫使君子的植物，它们的花朵在初开时是白色的，等一段时间之后会变成鲜艳的大红色。其中的道理也跟金银木和金银花相仿。

使君子的花朵有一个长长的花冠管，这显然是为了某些长嘴巴的传粉动物，而拥有这样长嘴巴的动物自然非蛾子莫属了。对于晚上活动的蛾子来说，白色毫无疑问是最有吸引力的颜色。长长的花冠管、初开的白色花朵、开花变色的特性，这样特殊的一组特征就是传粉综合征了。从传粉综合征我们就能推断出一些花朵究竟是由谁来服务了。

苦涩的果子, 鸟兽的乐园

花谢之后的整个夏天，金银木都是消停的，满树绿意，

显得极为普通。到了秋季，金银木会换上完全不同的装饰重新开店。这个时候，枝条缀满的就不是花朵了，而是红艳艳的果子。只是这些看似诱人的果子都是不能吃的，如果真的咬开它们吹弹可破的果皮，微微的甜味过后，是无尽的苦涩，别问我是如何知道的。

金银木的果实中含有很多黄酮类物质，特别是一些槲皮素类的物质，让味道苦不堪言。但是这样的果子，倒是受到鸟类的青睐，不知道是鸟类尝不出苦味，还是不得已而为之，总之会有鸟类不断光顾这些红果子。而金银木的小种子就随着鸟类的粪便找到了新的家园，开始新的生命旅程。

毫无疑问，金银木为部分鸟兽提供了食物，这是非常重要的属性。在早期的城市绿化中，我们更看重的是城市中有多少绿叶，甚至会天真地认为只要有大树，自然会吸引动物。但是，那些寂静的白杨林和桉树林都告诉我们，鸟兽需要的不仅仅是一片森林，而是一片有吃有喝能提供住所的森林。金银木不仅可以为很多昆虫提供花蜜和花粉，也可以为鸟类提供食物，这样的植物是应该在未来的城市绿化中被优先考虑的物种。毕竟，我们需要的是一片有生命的森林，而不是一片绿色的荒漠。

虽说金银木有诸多好处，但是它强大的繁殖力也会带来麻烦。在美国康涅狄格、马萨诸塞等州，已经有法规严禁培育金银木，就是因为鸟类传播的效率太高了。金银木在当地已经成为入侵植物，侵占了土著植物的地盘。这恐怕是金银木的祖先想都想不到的事情。

这就是金银忍冬，在花朵和果实上记录时间的植物。这种记录是它们自己的奋斗历程，也是与其他物种、与自然和谐相处的印记。看看花朵，再看看自己，我们又该在时间中留下些什么呢？

延伸阅读：不变色的红忍冬——垂红忍冬

　　在忍冬家族中，并不是所有的花朵都会变色。比如垂红忍冬就是这号人物，它们的花朵长相与金银花和金银木几乎没有差别，但是它们的花朵从开放到凋谢一直保持着大红色。这大概与那些为它们服务的鸟类传粉者有关系。一条条挂满红色炮仗花朵的藤子倒是装点庭院和篱笆的不错选择。

- -

延伸阅读：金银木的果实亲戚——蓝靛果忍冬

　　虽说忍冬科植物主要为我们提供美丽的花朵，但其中还是有一些能提供好吃的果子，蓝靛果忍冬就是这样的新兴的野果明星。果如其名，它们形似枸杞的果子是靛蓝色的。一咬开果实，就会有酸甜的汁水在舌尖绽放。不仅可以鲜食，还可以作为酿酒和提取天然食用色素的原料，俨然一颗冉冉升起的水果新星。

绿化先锋:
冬青卫矛与枸骨

中文名: 枸骨
学名: *Ilex cornuta*

中文名: 冬青卫矛
学名: *Euonymus japonicus*

人类真是一种很特别的动物，明明修建起了城市，把自己圈在一个离开自然的地方，但是又希望自己跟自然保持千丝万缕的联系。城市中的花花草草大概就是这种联系的一种体现。路边的那一抹绿色，不仅仅是视觉的畅快所在，更是一种重归自然的标志。即便是在隆冬时节，我们也希望路边有靓丽的绿色，而冬青就成了城市绿化不可或缺的组成部分。

可是问题来了，不同朋友谈论的冬青并不是一个模样，有的叶有尖刺，有的叶如雀舌，有的长成圣诞树模样，也有的被修剪成了方方正正的绿篱。冬青为何如此多变？它们又是如何在冰天雪地当中坚守一份绿色的呢？

究竟谁才是真冬青

其实，通常被称为冬青的植物远远不止一种，它们甚至分属卫矛科、黄杨科和冬青科，这些植物没有半点儿亲戚关系。被称为冬青，只是因为它们都是在冬季保持翠绿叶子而已，其中最常见的就要属枸骨、冬青卫矛和小叶黄杨了。

首先说这冬青科的"冬青"就是枸骨了。它们的叶子边缘都长着又粗又硬的尖刺。这些尖刺叶子层层叠叠地堆满了枝条，一点儿都不容易亲近。就算上面挂满了红色的小果子，也很少有鸟儿在上面寻找食物。所以枸骨也得了一个"鸟不宿"的诨名。也正因如此，枸骨的小红果能在枝条上挂上一个冬天。枸骨的远房兄弟，欧洲冬青也有类似的模样，并且是圣诞花环的重要组成部分。

虽然枸骨比较抗冻，但是对广大的北方朋友来说，更熟悉的冬青还是冬青卫矛和小叶黄杨。它们都有自己的身份标志。

小叶黄杨的果实在成熟之后会裂成三瓣，而冬青卫矛的果实在成熟之后只会张开一个裂缝。更有意思的是，冬青卫矛种子外面通常还裹着一层鲜红色的外套——假种皮，而黄杨科植物的种子是没有这种装备的。

在北京路边经常看到的叶片宽大的冬青，就是冬青卫矛（*Euonymus japonicus*）了，它们的白色果子在成熟之时会"吐出"裹着鲜红色假种皮的种子，这就是卫矛科植物的典型特征。不过，通常大家不会叫它冬青卫矛，而是叫它"大叶黄杨"。

如此特别的现象确实是个植物学命名的历史遗留问题，冬青卫矛在之前很长一段时间里确实被称为"大叶黄杨"。这个名字后来才被安排到黄杨科的另一种大叶黄杨（*Buxus megistophylla*）身上。这种现象在分类学上是很常见的现象，比如我们去植物志上搜索"地锦"这个名字，就会发现两种完全不一样的植物。就目前来看，我们把北京路旁的冬青卫矛叫成大叶黄杨也不算错。

至于那些叶子只有小拇指尖大的冬青就是小叶黄杨了。小叶黄杨是黄杨的变种，与黄杨的区别在于，小叶黄杨的叶子更小、更亮一些。比起粗犷的冬青卫矛来说，小叶黄杨倒是显得清秀了许多。

与枸骨、冬青卫矛和小叶黄杨相比，真正的冬青，名气就小多了。真的冬青科冬青属的植物冬青（*Ilex chinensis*）通常出现在长江以南的区域，它们的个头远比城市中的绿篱"冬青"高大得多。

糖和蛋白质：冬天抗冻的秘密

不管是冬青卫矛还是小叶黄杨，它们在冬天都不会落叶，这又是为什么呢？传统概念中，我们都会觉得植物是为了对抗寒冷，才会抖落身上的叶片。其实，相对于低温，冬季的干燥天气才是植物生存的大敌。

千万不要忘了，叶片是超级强悍的耗水大户。树叶通过蒸腾作用把水释放到周围的空气中去，并由此产生蒸腾拉力，就像水泵那样把根系吸收的水和营养抽到枝头上来。这一切都是以消耗水分为基础的。所以在久旱无雨的冬季，很多植物就会清除掉这些耗水大户，等到来年春天，雨水渐多的时候，再重新"雇佣"新的叶子。

那么冬青家族是如何做到保存水分且不落叶呢？如果我们仔细观察冬青卫矛和小叶黄杨的叶子就会发现，它们的表皮非常厚，就像一个密封套把叶子包裹得严严实实。

好，水分的问题解决了，还有一个棘手的问题就是低温了。而冬青是不会被冻死的，甚至叶片都冻不坏。这是因为冬青的叶子有自己的抗冻法宝——糖和蛋白质。

通常来说，植物被冻死的原因有两点：一是完全冻结之后，生命活动无法维持，被饿死；二是完全冻结之后，细胞中的水分变成了有尖锐棱角的冰晶，把细胞结构戳得千疮百孔，被扎死。而蛋白质和糖就是来解决这些问题的。

冬青叶片细胞中积累的大量糖分，可以使细胞液和细胞质的冰点降低，就像我们在汽车水箱里加入防冻液一样，这样冬青就可以在0℃左右继续进行自己的生命活动。就算温度持续降低，细胞必然冻结的时候，抗冻蛋白质的存在也会使冰晶变得

更圆润，而不是成为刺伤细胞的尖刺。有了这样的抗冻法宝，冬青就能在寒冷的冬季继续展示自己绿油油的叶片了。

城市里面究竟该种什么树

毫无疑问，城市绿化已经成为现代城市建设的重要组成部分，植树种草、栽花种豆已经成了小区规划的必备动作。可是，问题来了，我们经营多年的城市绿地和防护林中却没有天然森林那么热闹，这里的虫鸣鸟叫要少得多。这又是为什么呢？

道理很简单，要想让绿树引得鸟兽来，就必须为它们提供食物和栖身之所。中国科学院西双版纳热带植物园的研究人员发现，鸟类会将防风林当作移动的路线、觅食与筑巢的场所，也就是说，自然防风林可能对保护生产用地中的鸟类具有重要的作用。于是在我们植树的选择上又多出了一条标准，那就是要为生物提供合适的家园和食物。

此外，不同动物所需要的食物是不一样的，如小鸟喜欢禾草的种子，松鼠喜欢核桃楸的果仁，美丽的凤蝶需要西番莲柔嫩的叶子……我们种植的植物多样性越高，能够吸引的动物就越多，这样的林地和草地的生物多样性就越丰富，也就更有能力对抗气候变化等灾难的侵袭，让我们种下的森林更有可能与大自然融为一体。

小小的城市绿篱是人类与动植物沟通的平台，也是城市与自然联结的纽带，更是人类学习自然智慧的课堂。与自然和谐共存并不是一句空话，不妨从精心打理身边的绿篱开始吧。

薰衣草:
李鬼比李逵还多的芳香世界

中文名: 薰衣草
学名: *Lavandula angustifolia*

　　人类是个奇怪的物种，对花朵有着某种执着的追求。对于绝大多数动物来说，花朵无非就是一些营养丰富、毒素多多的植物器官而已，只有一些身怀解毒绝技的动物才会去咀嚼炫彩之下的滋味。相比之下，花朵在人类社会中则扮演着相当复杂的角色，它不仅是食物、装饰物，还可能是划分社交圈子的界限所在。如果你不在普罗旺斯的薰衣草田里照一张相，都不好意思跟别人说你特别理解法国的浪漫和唯美。

　　有一间连锁酒店，大概是为了提升自己的格调，把整个酒店都布置成了薰衣草风格——壁纸是薰衣草色的，装饰画是薰衣草模样的，就连熏香也是薰衣草香味儿的。只是大家很少注意到，那些装饰画中的主角和干制的插花，压根儿就不是薰衣草。

　　之所以发生这样的尴尬事儿，还是因为我们不熟悉这种花朵。国人接触薰衣草也就近十年的事情，大家把那些在田地中簇拥成紫色云朵状的花草都叫作薰衣草了。那么，薰衣草的真身是什么样子的？它们的香气真的如此高端吗？

薰衣草的真身

　　我们平常说的薰衣草其实是一个大家族，整个唇形科薰衣草属中共有28个物种。这个家族的主要成员有狭叶薰衣草、宽叶薰衣草和杂交薰衣草，其中杂交薰衣草是种植面积最广的薰衣草。

　　薰衣草家族的身份特征就是淡紫红色的花瓣像两片嘴唇，"上嘴唇"花瓣裂片变成了两片，而"下嘴唇"变成了三片。薰衣草的天然分布区很广，从大西洋上的加纳利群岛一直向北延伸到欧洲北部，整个北非地区和地中海区域都是薰衣草家族的天然分布区。时至今日，薰衣草的生活范围已经随着人类的脚步扩展到了世界各地，包括北美、澳大利亚等区域。在很多引种种植的地方，薰衣草凭借顽强的耐旱、耐贫瘠能力，在野外建立了新的种群，让人不得不佩服它们的顽强生命力。

从洗澡到香熏，无处不在

人类使用薰衣草的历史相当悠久。在古罗马时代，薰衣草就是非常重要的香料植物。爱洗澡的罗马贵族把薰衣草加入洗澡水中，享受惬意的花瓣浴。正因如此，罗马城中的薰衣草面临"洛阳纸贵"的局面，一磅薰衣草花可以卖到100迪纳里（denarii），这个价钱大概相当于当时一个农场工人工作一个月所得的工资，或是理发师帮50个人理发所得的报酬。罗马人还把将薰衣草和各种香草混在洗澡水内沐浴的生活习惯带到了不列颠群岛。

随着古罗马帝国的分崩离析，洗澡的习惯也被历史的铁蹄踩得支离破碎。但是，薰衣草并没有退出历史舞台，反而有了更为广阔的施展空间。在中世纪时期，黑死病一直是盘旋在欧洲人头顶的魔魇，他们想出了各种应对办法，包括不洗澡也不洗衣服。因为绝大多数人都相信，黑死病来自飘荡在空气中的污浊晦气，只要把这些污浊的气体挡在身体外面，就不会生病了。不洗澡就是为了积累足够厚的污垢，堵住身上的毛孔，从而抵挡黑死病的侵袭。当然，长期不洗澡也带来新的麻烦，那就是身体又痒又臭。于是，香熏和香粉成了绅士淑女们的必备物件，而香气浓郁的薰衣草自然是个中宠儿。

当时的欧洲人还认为，薰衣草的香气可以对抗空气中的疾

病，有人相信法国的一些皮革工人正是因为经常用薰衣草来处理皮革，从而躲开了黑死病的侵袭。也有人认为，是薰衣草的气味赶走了跳蚤，切断了黑死病的传播途径。不管怎样，薰衣草至少在那个黑暗的年代里给人们提供了一些精神寄托。

时至今日，我们已经摆脱了黑死病的阴影，不用再掩饰身体上的气味儿。于是薰衣草开始寻找新的岗位——在商家的宣传中，从薰衣草中提取的精油具有保护皮肤、安神镇静、提高睡眠质量等一系列作用，薰衣草精油、薰衣草护肤品以及填充薰衣草的枕头应运而生。那么，薰衣草真有这些神奇的作用吗？

薰衣草能安神吗

薰衣草的花朵中含有大量的挥发性物质（大概占干重的 0.8% ~ 1.2%），通过水蒸气蒸馏等手段就可以得到芳香的薰衣草精油。薰衣草特别的香气主要来自其中的醇类和酯类物质，其中又以芳樟醇和乙酸芳樟酯为代表，再加上凑热闹的桉叶油、α-松油醇和乙酸薰衣草酯，共同调和出了薰衣草的特殊香气。传统上，这些物质也被视为薰衣草疗效的基础。近年来，对于薰衣草疗效的质疑声音不曾停止。虽然在上海交通大学进行的实验中显示，薰衣草精油可以影响大脑活动，有可能缓解人的焦虑情绪。但是这类实验通常存在样本量过少、实验和对照组差别不显著等问题，更多的实验得出的结论是薰衣草精油没有明确的抗焦虑作用。

另外需要注意的是，薰衣草精油也可能会给我们带来一些麻烦。美国国立卫生研究院的提示信息明确写到，薰衣草精油有可能诱发皮疹，内服精油的话还可能导致中毒。薰衣草提取物可能会引起呕吐、头疼等症状。更麻烦的是，薰衣草精油还有可能影响人类的激素系统，造成男童乳房发育。所以，使用精油一定要适可而止。当然，薰衣草的香气中可能潜藏着安慰剂效应。如果这些紫色的香草能让你有个心理上的依托，从而身心舒畅，那浅尝一下也未尝不可。但是，大家一定要注意，买到的究竟是不是真正的薰衣草。

假薰衣草军团

实际上，中国种植的薰衣草面积非常有限，主要栽培区域在新疆。大多数地区的所谓薰衣草庄园都是假冒的，最多的假冒物种就是柳叶马鞭草和蓝花鼠尾草。

柳叶马鞭草因叶片形态而得名，远看也能形成壮观的花海，非常迷惑人，并且其紫红色花朵的色泽非常类似薰衣草。但是只要凑近看就会发现差别很大：这些小花有5片花瓣，跟薰衣草完全不同；并且它们的气味不是很好闻，完全没有薰衣草那种香气，倒是有点臭气。只是因为这种植物远比薰衣草好打理，于是成了很多薰衣草庄园的主打花朵。除了柳叶马鞭草，另外一个冒牌货就是蓝花鼠尾草了。虽然鼠尾草也有自己的特点，但在很多时候也会被当作薰衣草种植。蓝花鼠尾草与薰衣草一样同属唇形科，花朵也是两唇形的，不过蓝花鼠尾草的下唇花瓣上有明显的斑点，这是与薰衣草最明显的区分。薰衣草因为精油而得宠，又因为精油而遭到质疑，可谓成也萧何，败也萧何。还好，这些美丽的花朵至少可以在花田中贡献绚丽的拍照背景，也可以在居室中提供淡雅的香气。香草如此，也算物尽其用、实至名归了。

鼠尾草:
包办花坛和餐盘的神奇家族

中文名: 鼠尾草
学名: *Salvia japonica*

在我的童年记忆里，有一种植物的形象分外清晰，不仅仅是因为它们特别的外表，更重要的是它们能与小朋友进行亲密互动。从一串红艳艳的挂满"炮仗"的花枝上，摘下一朵小花，轻轻吮吸花朵的末端，就会有甜甜的蜜露在嘴巴里扩散开来。这种植物的名字就是一串红。后来才知道，一串红还有一个特别的名字——红花鼠尾草。

很多年后，我对鼠尾草的认识又有了新变化，这东西竟然可以成为入口的调料。鼠尾草浓烈的气味与牛羊肉的风味搭配，会有一种近乎完美的平衡。在厚密的脂肪和劲道的肉纤维中忽然钻出的一种药草的香气，犹如画龙点睛般，让德国香肠和烤肉的味道有了别样的深度。

其实鼠尾草的神秘之处远不止于此，百变的鼠尾草家族就生活在我们身边。不光是花坛和餐桌，就连药铺和研究生命演化的实验室中都有鼠尾草家族的身影。

老鼠尾巴长出来

在植物世界中，鼠尾草家族绝对排的上号。先不说全世界的鼠尾草加起来有近千种，单单是分布区就足以让人震惊，我们可以在欧亚大陆、北美洲和南美洲的各个角落看到这个家族的成员。除了唇形科家族的四棱茎秆、对生叶片这些共有特征之外，鼠尾草的花朵还有自己的特点，那就是开口像嘴唇、长长的花冠管、藏在花朵里面的雄蕊，以及在开花末期才从花瓣中吐出来的柱头。

不同鼠尾草也有自己特别的地方，有的是趴在森林中的纤细小草，有的是站在草坡之上的高大灌木。鼠尾草家族有

三个集中分布区，分别在中南美洲区域、中亚和地中海区域以及东亚区域。中国总共有78种鼠尾草，只不过这些种类都没有因为自己的外貌而成为花园里的宠儿。倒是一些"外来户"成了中国庭院景观的中流砥柱。

一串红领衔庭院里的鼠尾草

在北方，一串红（*Salvia splendens*）通常被简称为串红，它细长的花冠看起来就像是鞭炮，所以也有"爆竹红"这样一个别名。从每年的夏至开始，一串红就会大量出没于乡村庭院和城市公园之中，颇有一些乡土气息。但是这些植物却并非本土植物，而是从巴西远道而来的。湿热环境是它们的最爱，所以也就成了夏日里的当家花朵。一串红的花蜜很多，多到可以明显感觉到蜜液流进嘴里，所以成为很多70后和80后朋友记忆中的甜蜜源头。

朱唇（*Salvia coccinea*）比起一串红来说，虽然也有红色的花冠，但是其花瓣要圆润很多，正如"朱唇轻启"的感觉。朱唇花序上的花朵也要稀疏一些，花萼的颜色更深，比起张扬的一串红，朱唇倒是多了几分内敛。

墨西哥鼠尾草（*Salvia leucantha*）是我觉得最有萌感的鼠尾草，不仅仅因为它们的花朵圆头圆脑，更重要的是它们的花朵之上还有厚厚的茸毛，就像是穿了一件法兰绒外套。轻轻抚摸上去，柔软的触感从指间而生，甚是特别。只是有一点儿搞不懂，在墨西哥也需要穿大"抓绒"吗？

鼠尾草成员众多，近年来越来越多的种类出现在城市绿化和造景中，来自北美南部的蓝花鼠尾草（*Salvia farinacea*）

就是其中之一。不知为什么，蓝花鼠尾草还背上了一个假冒薰衣草的大帽子。很多朋友问，为什么看到的蓝色薰衣草不香？那是当然，因为大家看到的其实是蓝花鼠尾草。蓝花鼠尾草的下唇瓣上有两个非常明显的白色斑点，那其实就是吸引昆虫的信号。而昆虫吃花蜜的过程却不简单，这里面还藏着特别有趣的故事。

蜜囊花朵带机关

多年前，我还在广西进行兜兰的传粉生物学研究，为了搞清楚这些欺骗性花朵是如何迷惑传粉昆虫的，就需要对周边的花朵都进行观察探究。就在我用镊子剥开花瓣，去探知鼠尾草里面的花蜜时，无意间触动了机关，发现鼠尾草的雄蕊居然是会动的，于是很兴奋地与导师交流了这个发现。结果我的导师罗毅波先生说，这种雄蕊机关其实早就被发现了，并且还是传粉生物学界的经典案例。当时真的只恨自己晚生了200年。

即便如此，每次观察鼠尾草的花朵时，我都能感受到大自然造物的神奇。一朵新鲜的鼠尾草花正在释放花粉，但是花药却包裹在花瓣之内——不要着急，这是鼠尾草在等合适的传粉昆虫。鼠尾草的丁字形雄蕊就像一个跷跷板，跷跷板的一端是缩短的花药，另一端是延长的药隔和花药，而跷跷板的"转轴"则固定在花瓣之上。

鼠尾草的花蜜储存在花瓣基部的管子里，要想吃到这口甜甜的美食，蜜蜂、熊蜂等昆虫吃货就需要努力把头探进去。这个时候就触动了"雄蕊跷跷板"的一端——花丝，跷跷板的另一头——药隔和花药就会落下，砸在吃蜜吃得心满意足的昆虫背上。这就是在传粉生物学界知名的杠杆结构。

而接收花粉的花柱和柱头，则要到花粉释放完之后，才会伸出花瓣之外，接收外来的花粉。这样就保证了异花授粉的成功率，提高了种子的质量。

当然，也不是所有的鼠尾草都有杠杆结构，那些鸟类传粉的鼠尾草（比如 *Salvia haenkei*）就没有杠杆结构。因为鸟类吮吸花蜜的时候，它们毛茸茸的脑袋正好触及了花粉，也就不要跷跷板来帮忙了。

这就是大自然的神奇之处，没有墨守成规，一切都是为了自身的生存。

让人意外的调料

鼠尾草的身份有些特殊，它们不单单出现在花园之中，更重要的是还出现在餐盘之中。第一次吃鼠尾草时，还真的感觉不太适应，明明是薄荷模样的小清新，却有胡椒似的重口味儿，并且伴随着一些特有的刺激味道。

所以在西餐之中，大厨们特别喜欢用药用鼠尾草来腌泡肉类、制作奶酪及某些饮料。在英国与比利时，药用鼠尾草和洋葱搭档，嵌入烤鸡、烤肉内部，能增添香气。在法国，厨师会把药用鼠尾草放在鸡肉和鱼肉之中，或者让它们成为蔬菜汤的调料。在德国，药用鼠尾草常会和香肠搭配在一起使用。在巴尔干半岛与中东地区，鼠尾草是烤羊肉时不可或缺的调料。

药铺里的老住客

我还清晰地记得在姥爷的药箱里，总会有一小盒速效救心丸和一小盒复方丹参滴丸。在很长时间里，我对丹参的理解就是炼成仙丹的人参。后来才知道，所谓丹参，其实也是鼠尾草家族的成员。

丹参的外形比大多数鼠尾草都要粗壮一些，花朵也更大一些，为蓝色的花朵。至于为什么叫"参"，纯属外形相似而已。唇形科的丹参和五加科的人参并无直接的亲戚关系。当然，两者的化学成分也就迥然不同了。

现代分析认为，丹参中含有丹参酮和丹参酚酸，这些物质被认为对抗血小板凝集、维护心血管的弹性有一定好处，因而被用于治疗各种心血管类疾病。只是就目前的实验数据来看，这些物质的药效并没有大家想象的那么强悍。所以，千万不要把丹参真的当作灵丹妙药，有问题还是得找医生。

这就是鼠尾草家族，一个庞大而多样的家族。每一个物种都在为自己的生存而斗争，因而幻化出多种多样的形态和颜色，甚至是味道。这一切都需要我们去细细品味，感受自然的那份神奇。

矮牵牛:
假扮牵牛的茄子兄弟

中文名: 矮牵牛

学名: *Petunia hybrida*

在认识世界的道路上，有个必备的小技能，那就是分类。水里游的、天上飞的、地上跑的，谁跟谁一家，谁同谁亲近，统统按照形态结构分门别类。人们常说"物以类聚，人以群分"，不过，这外貌相似的未必就是同一家子的生物，很多时候只是生活方式相近而已。

从初夏开始，花坛中会活跃着一些异常靓丽的"喇叭花"，花的颜色非常丰富，红的、紫的、红白相间的等。只是，这些"喇叭花"与正版的喇叭花——牵牛有很大的区别，它们的个头儿很矮，也没有牵牛那样的藤蔓，更不会顺着竹竿篱笆蔓延而上。但就装点效果而言，这些矮个子"喇叭花"平铺展开后，如同花毯一样，一点儿不比正版的逊色。这些"喇叭花"有个通俗的名字，就是矮牵牛。

假扮牵牛花的茄子兄弟

矮牵牛虽然跟牵牛只有一字之差，但却是截然不同的植物，就好像睡莲不是莲，玫瑰茄也不是茄一样。它们有相似的名字，只是因为长得相似而已。其实，矮牵牛的正名是碧冬茄，是茄科家族的成员，论辈分，倒是跟土豆、茄子、西红柿是一大家子的。至于我们平常所说的牵牛花，那可是旋花科的成员，是与红薯、空心菜同属一个家族的。

与很多出色的茄科植物一样，碧冬茄的老家在南美洲，其拉丁属名（*Petunia*）就来自当地的图皮-瓜拉尼语族，意思是烟草。其实，烟草、土豆、茄子、西红柿都是从南美洲走出的改变世界的植物，所以不得不感叹，南美洲真是一个茄科植物的乐园。如今，矮牵牛也不甘示弱，因为耐旱耐热，

花期超长，它毫无悬念地成为世界各地称霸夏日花坛的重要物种。

还有令人称奇的一点，人们常常栽培的矮牵牛其实是一个杂交种，但是到今天，已经很难确认栽培矮牵牛的亲本究竟是谁，这是因为矮牵牛的种间杂交完全不存在障碍，并且在确定各个物种的分类关系之前，它们就已经有非常广泛的杂交了。目前较为通行的观点是，矮牵牛是野生的直立性腋生矮牵牛（*P. axillaris*）和匍匐性青紫矮牵牛（*P. integrifolia*）的杂交后代。

从1835年，第一种矮牵牛商业栽培品种出现，到1965年时，已经发展到436个品种。目前，按照矮牵牛花的大小和重瓣特性，人们通常将它们分为大花单瓣类、丰花单瓣类、多花单瓣类、大花重瓣类、重瓣丰花类、重瓣多花类和其他类型。但是万变不离其宗的是，矮牵牛花朵的基本形态都是类似的，圆圆的花冠和长长的花冠管就是它们的身份证明。那么，这种茄科植物为什么与没有亲缘关系的牵牛长得这么像呢？

长相相似源于趋同进化的压力

矮牵牛之所以与牵牛长得极为相似，主要是因为它们面对的生存环境，特别是传粉者的环境是类似的，这种现象，就是生物学上所说的趋同进化。

简单来说，就是完全没有亲缘关系的物种，因为相似的生活环境，最终有了相似的身体结构。这其中最出名的，就是大白鲨和虎鲸，前者是鱼，而后者是哺乳动物，但是这并不妨碍它们长得几乎一模一样，都拥有流线型的身体、减少阻力的皮肤以及适应于划水的鳍和肢体。出现这种共同外貌绝非偶然，是共同的海洋水生环境造就了它们相似的身体结构。

至于矮牵牛和牵牛，其实也经历了类似的变化和选择，这种选择，来自于为它们传播花粉的动物。很多植物都有自己专属的传粉帮手，这样的好处是显而易见的。首先，这些动物会在同种植物之间穿梭，大大提高传播花粉的精确性，避免花粉浪费在其他不合适的花朵之上；再者，特化传粉的效率也会更高，在固定时间内，可以让更多的花朵受益。这就是传粉者特化的现象。

要保证有特化的传粉者，就需要一些特别的适应性组合，比如矮牵牛和牵牛吸引的，主要是蛾类和蝶类等鳞翅目昆虫以及蜂鸟。它们那根长长的花冠管，就是为这些长嘴巴食客准备的，只有嘴巴够长的蛾子和蝴蝶才能从中吸取花蜜，完全断了蝇类、蜂类这些昆虫"偷嘴"的念想。

在选择特化传粉者时，颜色也是一个重要的标准。对于庭院中的矮牵牛来说，花朵颜色就是它们为生存而战的旗帜和招牌。这些招牌并非是为了取悦人类，而是为了吸引那些可以帮助矮牵牛传粉的动物。这些家伙对花的颜色可是很挑剔的，因为它们对颜色的感觉跟我们是不同的。比如，蜜蜂喜欢黄色和蓝色，而蝴蝶更倾向于白色和红色，至于蜂鸟，则只钟情于火红的颜色。所以，要吸引到足够的且合适传粉的劳动力，就必须选对花瓣的颜色，如果你想用纯红色的花朵来吸引蜜蜂，那就只会落得"门庭冷落，独自飘零"了。从一定程度上来说，花瓣的颜色也是植物演化历程中留下的

印记。

当然，矮牵牛不仅是人类了解花朵颜色和基因关系的重要材料，也是我们打开植物基因宝库的一把珍贵的钥匙。如今，人类已经可以在矮牵牛身上练习"调色"了呢！

花色因何而变

矮牵牛比较容易再生，通过培养组织和细胞，都能获得完整的植株；而且它的生活周期短，可使检验实验结果所需的时间缩短；再加上矮牵牛的遗传背景清晰（只有两组共14条染色体），且又是一种重要的花卉，所以，矮牵牛成为实验室的宠儿，也就不奇怪了。

从原理上改变花的颜色并不困难，只要将花青素、类胡萝卜素、叶绿素调配好，就能得到想要的颜色。但是实际在实验中操作起来，还是有些困难的。首先，花瓣里得有装配花色素所需的"原料"，比如红色的芍药花素就需要一种叫作查尔酮的"原料"。不过，有原料还不够，还要构建出新的"色素生产流水线"。要知道，一个表现颜色的花青素单元，是由花青素苷、葡萄糖集团、金属离子、有机酸基团等"小零件"组成的，也就是整条"流水线"要丝毫不差地进行装配，才能得到我们想要的花朵颜色。

目前为止，我们有几种办法来改变矮牵牛的基因，其中之一就是通过转基因的方法，把其他植物的色素基因转录进矮牵牛的细胞之中。例如，1985年，最早获得的转基因矮牵牛，就是把玉米的颜色基因导入白色矮牵牛之中，让它们开出了淡紫色的花朵。要想改变矮牵牛花朵的颜色，通常是使用农杆菌这种微生物。科研人员很早就注意到，农杆菌带有一种叫质粒（把新的基因插入植物中去的重要工具）的小型闭合环状DNA，与通常"链子"模样的DNA不同，环状DNA可以自行复制，也可以插入DNA长链之中。利用这一特性，质粒就变成了基因的"运输车"和"注射器"。

鼎鼎大名的茄科实验植物

实际上，在实验室中活跃的茄科植物远不止矮牵牛，它的茄科植物兄弟——烟草，也是大名鼎鼎的实验植物。

今天，在各大遗传学实验室中，都有烟草在活跃，因为烟草有着特殊的能力。烟草特别容易被病毒或者细菌感染，在感染的过程中，这些病毒和细菌携带的DNA可以很轻松地插入到烟草的DNA中去。简单来说，就是烟草的DNA很容易被我们修改。

不过，只是容易修改还不够，因为这种修改通常是针对少数细胞甚至是单个细胞进行的，所以在修改完成之后，这些细胞还要能长成完整的植物体并开花结果，把修改的基因变成可见的结果（比如抗虫、抗旱等）。虽然，几乎所有的植物都拥有这种被称为"细胞全能性"的能力，但是不同植物的能力有强有弱，而烟草恰恰就是其中的强者，接受改造后的烟草细胞，很容易就能长成完整的烟草植株。

很难想象，在矮牵牛这种常见的庭院花卉背后，还有那么多让人脑洞大开的故事，而这些故事，又是人类探索生命奥秘的坎坷历程的不凡见证。相信在这些"冒牌"牵牛花的身上，还有很多未知的秘密，等着大家一起去探索。

延伸阅读: 烟草染病实验开启了病毒研究新纪元

1886年, 德国人麦尔把患病烟草叶片榨成汁, 注射进了健康烟草, 不出意料, 健康烟草也患上了花叶病。这个实验说明, 花叶病确实是由病原微生物导致的。为了弄清楚这种病原微生物究竟是什么? 之后, 科学家又用细菌不能通过的滤网来过滤患病烟草的汁液, 结果这样的汁液依然可以让健康烟草患病。这时, 人们才意识到, 搞怪的其实是一种比细菌还小的微生物, 这种微生物要依靠活的细胞进行繁殖。于是, 这成为病毒研究的起点, 也让人类在对抗流感、HIV(人类免疫缺陷病毒, 即艾滋病病毒)的战争中看到了些许曙光。

桂花:
八月飘香的甜品王者

中文名: 桂花
学名: *Osmanthus fragrans*

经过了酷暑的考验，中秋节飘然而至。说起代表秋天的花朵，大多数朋友首先想到的肯定是菊花，但是在我这个以吃来了解世界的植物学工作者心中，可赏、可闻、可吃的桂花才是秋天的代表花卉。

我对桂花的印象起始于一个传说和一首歌。传说，月亮上的兔子就在一棵大树下捣药，而在它的头顶上就是一棵大大的桂花树。桂花大多是在中秋时节开放，无形之中又与月亮多了一丝联系。我也时常在想，八月十五的月亮就像是个桂花馅儿的大月饼。遗憾的是，黄土高原并不是桂花的家园。我对桂花的了解都出自桂花味儿的月饼。

小学的时候，有一段时间要天天练习一首歌——《八月桂花遍地开》。这首歌更是让我对南方的桂花树充满向往，每次唱起这首歌的时候，脑子里反映出来的就是桂花馅儿的大月饼。后来来到云南求学，发现桂花的香气并不只出现在八月。在云南大学的校园里一直都会飘着桂花的香甜味儿，除了盛夏时节这股香气稍淡，无论冬春还是仲秋，都能闻到那股香甜无比的味儿。桂花的香气因何而生？这些香气的终极目的是为了丰富我们的甜品世界吗？

古老的吉祥树

虽然桂花有金桂、银桂、四季桂等称谓，但是它们都属于木犀科木犀属的植物。只是根据花色不同，划分为金桂、银桂和丹桂，又根据开花时间的特性分化出了四季桂。当然了，这些品种间的演化是逐步发生的。

中国栽培桂花的历史悠久，有文字记载的历史可以追溯到2500年前。公元前3世纪就有关于桂花的文字记载。在《山海经》中就有"西南三百八十里，曰镐涂之山……其上多桂木"的描述。

从汉代到魏晋南北朝时期，桂花一直都是名贵花卉和贡品。西汉刘歆的《西京杂记》中就描述了桂花的种植："汉武帝初修上林苑，群臣皆献名果、异树、奇花两千余种，其中有桂十株"。这说明在汉朝的时候就开始种植桂花了。

到唐宋之后，对桂花的重视更是盛况空前，并且桂花被赋予了新的含义。桂花通常被对植在一起，取"两桂当庭"的美好寓意。

到今天，广西桂林、湖北咸宁、浙江杭州、江苏南京和苏州，以及上海依然是国内的桂花种植中心，植桂赏桂为广大人士喜爱。

甜品王者的秘密武器

桂花树可以长到18米高，但是大部分桂花树只是以低矮的身姿为大家奉上甜香气。虽然桂花的花朵只有绿豆般大小，但是一点儿都不影响它们释放出浓浓的香味儿，只要有一株桂花绽放，百步之内都能闻到它们特殊的香气。那就是混合了顺式罗勒烯和紫罗酮等物质的香甜味。这些带着特殊香味的花朵出现在了桂花糕、桂花糯米藕等甜品之中，堪称中式甜品的画龙点睛之笔。

桂花盛开之时，把盛开的桂花采来，拣去杂物，泡进浓浓的糖汁之中，熬成一罐香甜兼备的桂花糖。待冬天到来，藕已变得粉糯，把糯米细心地塞进藕孔之中，上锅蒸至软糯，切片装盘，淋上备好的桂花糖浆，一盘经典的甜点就完工了，莲藕的粉、糯米的黏、桂花的香、蜜糖的甜混合在一起，对嘴巴、肠胃都是极好的安抚。

被人类玩"坏"的花香

其实，桂花这些特别的香气并不是为我们的餐桌准备的，

而是为了招引另外的食客，它们就是为桂花传播花粉的蜜蜂。昆虫为花朵传播花粉，花朵为昆虫提供花粉和花蜜，就好像饭店与食客的关系，而花朵的香气就好似饭店的一块大招牌。

就像不同的饭店会有不同名称一样，不同的花朵也会打出不一样的招牌。比如，春兰花清香的气味和洁白的颜色，正如口味清淡的粤菜馆子；而颜色鲜艳、气味浓烈的月季花，就像浓郁热烈的烤鸭馆子；至于香甜的桂花，则像是高端的蛋糕房了。于是，不同花朵就可以招引来不同的传粉者为它们服务。

蜜蜂传粉的花朵通常有香甜的气味（那是酯类化合物的味道），而那些蝇类喜欢光顾的花朵往往都会有一些臭味（通常是胺类物质的味道）。

不过，"招牌"也会出问题，原因不在这些花朵身上，而是人类造成的污染充当了第三者。最近科学家发现，空气污染物（比如臭氧）会与花香成分发生化学反应，从而影响昆虫对花朵的寻找能力，最终影响到植物的授粉和繁殖。假如"招牌"都被摧毁了，可怜的昆虫该如何去找到花朵？在我们享用桂花甜品的时候，是不是应该考虑一下，那些桂花原有老客户的感受！

桂花好闻树难栽

桂花树虽是我国土生土长的植物，但是一直偏居于江南。这些植物太不耐寒了，冬天的冰霜，可以轻易地将它们冻成光杆。不过，桂花中也有能抵抗-26℃严寒的低温特殊品种，所以，我们在北京的庭院中看到桂花树也并非全无可能。

如果家中种植了盆栽的桂花树还是要悉心呵护，因为桂花对光照、水分和土壤都有些挑剔。光照一定要充足，如果长期处在荫蔽状态下，桂花就很难开花；与此同时桂花树也不可暴晒，暴晒也会影响生长。浇水就更有门道了，虽然桂花喜欢湿润的环境，但是不耐涝，所以千万不要让花盆积水，否则会让桂花根系腐烂，走上不归路。

另外，需要提醒北方朋友的是，不要随意换土。虽然翻盆换土有利于花卉的生长，但是一定要注意土壤的酸碱度。桂花适于生长在pH5.0~7.5的土壤之中，北方大部分偏碱性的土壤都不适合它们的生存。因此，拌入适当的硫黄改土就成了北方花友所需要做的工作。

不论如何辛苦，等到桂花开放、满室飘香的时候，一切辛劳都是值得的。

几种容易让人懵圈的桂树

除了桂花，在调料圈里还有几种容易让人懵圈的食材，比如桂皮和月桂，它们跟桂花有什么联系呢？

广义上说，肉桂就是樟科樟属一众植物的树皮，可能来自天竺桂、阴香、细叶香桂、肉桂、柴桂和锡兰肉桂。它们的树皮都可以作为香料使用，但是滋味和用途还是有些许差异。其中最重要的调料就是肉桂和锡兰肉桂的树皮了。

狭义上的植物学肉桂是中国土生土长的肉桂（*Cinnamomum cassia*），其皮可以厚达13毫米！所有干制的肉桂是大厚卷饼的模样。该树皮要比其他仿冒树皮的味道来得更浓烈，同时也带有特殊的苦味。

西方甜品师傅惯用的肉桂其实是锡兰肉桂（*Cinnamomum verum*），从这种肉桂的英文名"True cinnamon"可以看出它们

在西餐中的地位。锡兰肉桂的皮比肉桂的皮要薄一些，呈现出偏亮的黄棕色，同时气味也更清淡，几乎没有苦味儿，倒是有一些淡淡的甜味儿。这样跟甜品搭配起来就显得和谐多了。

除了肉桂和锡兰肉桂，阴香（*Cinnamomum burmanni*）也是桂皮的一个重要来源。阴香的树皮比肉桂的树皮要薄。外表为灰棕色或是灰褐色，将其切开后呈现红棕色，质地脆且硬，味道微甜，有少许的辛辣味道。

至于月桂的产品，就是我们在卤肉汤里看到的香叶了。不管是红烧、卤肉，还是四川火锅都少不了这味调料。香叶中含有芳樟醇和丁香油酚，所以香叶有一种强烈的混合着花香和木质香的特殊气味。顺带说一下，早在古希腊时期，月桂的枝条就被编成头冠，戴在体育冠军的头上，指代冠军的"桂冠"一词也因此而生，而后来桂冠的材料变成了象征和平的橄榄枝。

浓浓的桂花香透露出的不仅仅是美味，还有生命延续的意义，再碰到桂花的时候，可以和着花香，感受一下生命的伟大乐章了。

延伸阅读：桂花结的果子可以吃吗?

桂花的果子被称为桂子，一个个椭圆形的紫色小果子仿佛饱含甜蜜。很遗憾它们并不如花朵那么温柔，我曾尝试咬开一个桂花的果子，前味儿还有几分甘甜，但是随之而来的是涩和麻的感觉。在实验中发现，熟桂花树果皮含有氨基酸和肽、有机酸、甾体、黄酮体、香豆素和萜类内酯化合物、蒽醌类化合物、含双键的萜类化合物、皂素或脂肪酸盐，所以最好还是别打这些果子的主意了，安安稳稳享受桂花糯米藕吧！

鸢尾:
绽开在初夏花园的"彩虹"

中文名: 德国鸢尾
学名: *Iris germanica*

我们经常用"独当一面"来形容一个人能力突出，可以出色地完成一系列的工作。其实，在漂亮的花朵之中，也不乏这样能力出色的家族。

到了5月，春天的花潮已经褪去，北方的大地逐渐被叶子"涂抹"成绿色。这时候的花园里，有一群多姿多彩的花朵开始绽放了，它们的花色或蓝如晴空，或黄如金甲，或白如新雪，或紫如水晶。这些或硕大或纤柔的花瓣在夏日微醺的风中摇曳着，让整个花园充满了一种有别于春日的生气，它们就是鸢尾家族在夏日奏响的精彩交响乐。

我第一次看到鸢尾时，就被它们的美丽征服了，深入研究才知道，它们的花朵结构和生存状态的多样性更让人惊叹。鸢尾五彩的花瓣之下究竟藏着什么样的秘密？它们的生存空间为什么可以从山间路边扩展到湖沼之内？这个家族又有哪些特殊的本领？我们不妨凑近些，仔细看看这些夏日里的彩虹。

彩虹般的花朵家族

我们通常所说的鸢尾并不是指一种植物，而是指鸢尾科鸢尾属的一类植物。鸢尾属的拉丁名*Iris*来源于希腊语，其本意就是彩虹，似乎是想说明鸢尾类植物的花色多样，如同彩虹一样绚丽。鸢尾属是一个混合了多个种类的大家族，它们的生活范围几乎覆盖了整个北温带，该属的成员多达300种，在中国分布的有60种。

因为颜色艳丽，花瓣规整，鸢尾很早就被人类请进了花园。法国的奠基人法兰克国王克洛维一世曾经将鸢尾作为自己的符号徽章，后世的卡佩王朝、瓦卢瓦王朝还有波旁王朝，都是以这个图案作为自己的族徽；而在同一时期的东方，李时珍在《本草纲目》中记录了鸢尾属的植物马蔺，详细说明了这种植物的开花时间和相关用途。由此，足见鸢尾与人类生活的亲近。

只不过，鸢尾真正成为夏日花园的统治者，却是近百年来的事情。在原产于中南欧和地中海区域的有髯鸢尾原始种加入育种过程之后，鸢尾的花朵大小和花朵数量都得到了提高；而来自意大利南部和俄罗斯南部的有髯鸢尾原始种则为培育新品种提供了必要的抗性和特殊的花色，让鸢尾的植株更结实，花朵更靓丽。至此，现代栽培鸢尾家族才初具规模。

各司其职的花朵部件

虽然鸢尾的花朵多少有差别，但是它们的基本形态都是类似的。鸢尾属植物有6片花被裂片，其中3片外轮花被裂片就像向下伸出的舌头，是传粉昆虫落脚的平台。在有些种类中，外轮花被裂片的基部长着一丛丛胡须状的毛或者鸡冠状的附属物，这些性状就是划分鸢尾种类的重要特征。上文提到的有髯鸢尾，就是外轮花被裂片上"长胡子"的一类鸢尾。

外轮花被裂片和花柱裂片两两配合，构成了隧道一般的花冠管，而花蜜就藏在隧道的尽头。要想获得花蜜，蜜蜂和熊蜂就必须"匍匐"通过隧道。在隧道前端的顶部，鸢尾的柱头已经在那里等待蜜蜂带来的花粉了（花粉落在柱头上很快就会萌发，新的生命就会在花被片下方的子房中发育了）。为了那一口甜蜜，贡献完花粉的蜜蜂会使劲向花朵里面挤，这时，就会碰上释放花粉的雄蕊，当蜜蜂在享受甜蜜的同时，新的花粉又装载到了它们的身上。吸完这朵花的蜜，"搬运工"们就会把花粉搬运到下一朵花去。

相对于外轮花被裂片和花柱裂片，另外3片内轮花被裂片就显得不那么重要了，有些鸢尾的这个结构要比外轮花被裂片和花柱裂片小得多。这个裂片的主要作用是招蜂引蝶，最具代表性的当属德国鸢尾的内轮花被裂片，就像是迎风招展的旗帜一样，可以指引昆虫前来传播花粉。

我们身边的鸢尾

我们通常见到的鸢尾属植物有德国鸢尾、西伯利亚鸢尾、鸢尾、黄菖蒲、扁竹兰和马蔺等。其中，原产于欧洲的德国鸢尾（*Iris germanica*），花朵相对最大，花形最丰满，并且它们的内轮花被裂片是直立的，颇有迎风招展的感觉。它们花朵的颜色大多是蓝色的，也有浅黄色、淡紫红色等，这种鸢尾是公园中主栽的鸢尾，也是初夏时节非常靓丽的花朵之一。

西伯利亚鸢尾（*Iris sibirica*）也是花园中的常客，它们与德国鸢尾非常相似，也有非常大的像旗帜一样的内轮花被裂片，只是西伯利亚鸢尾的外轮花被裂片上没有"胡须"，只有特别的斑点和条纹。

鸢尾（*Iris tectorum*）是我国原产的植物，花朵比德国鸢尾要小一些，也显得精致一些，它的花朵颜色通常是蓝紫色，向前平伸的内轮花被裂片显得纤细许多。目前，在山西、安徽、江苏、浙江、福建等地的山上，仍然能够找到野生的鸢尾，但是接触它们最近的地方还是公园。

黄菖蒲（*Iris pseudacorus*）的花朵是黄色的，通常生活在水边的潮湿地带，所以很多公园将其种植在池塘或者河道的沿岸，成为一道独特的风景线，这也是黄菖蒲不同于其他鸢尾属植物的特点。这种植物原产于欧洲，但现在已经是公园里常见的非常好的景观植物了。

扁竹兰（*Iris confusa*）的花朵是淡蓝色或者白色，个头儿也比较小，在外轮花被裂片的中央有一个明显的黄色斑块。扁竹兰的叶子丛生，看起来就像是压扁的扇面，所以有扁竹兰之称。扁竹兰原产于我国西南的广西、四川、云南等地，目前在西南的很多地方，扁竹兰都是路边的行道花卉。与扁竹兰接近的是蝴蝶花，或者叫日本鸢尾，这两种花的花朵极其相似。只是扁竹兰有明显的地上茎，而蝴蝶花并没有。

马蔺[*Iris lactea* Pall.var.*chinensis*（Fisch.）Koidz.]可以说是栽培鸢尾中花朵最单薄、叶子也最纤细的种类，但是马蔺的适应能力非常强，由于其根系发达，耐盐碱，耐践踏，可用于水土保持和改良盐碱土。与此同时，它们的叶片可以作为牛、羊、骆驼的冬季饲料，并可供造纸及编织用；其根的木质部坚韧且细长，可制作刷子，这在鸢尾属中也算是独树一帜了。

时间淬炼而成的异香

鸢尾的花朵形状奇特，颜色艳丽，但是在香味儿上却有些欠缺。虽然德国鸢尾的花朵能贡献一些香气，从德国鸢尾花朵中提取出的精油也作为镇静剂出现在香薰治疗中，但是在花园的空气中，我们很难感知到鸢尾的芬芳，它们的香气实在是太淡了。

不过不要紧，鸢尾还准备了特殊的香气，就藏在它们的根状茎里面。这种香料在很久之前，就是一种重要的香料，不仅可以作为香薰原料来使用，还可以添加到金酒之中，为

这种酒精饮料提供特殊的色泽和风味。不过人们对于新鲜的鸢尾根茎，是感觉不到其中的芳香的。就如同美酒的发酵过程一样，鸢尾根茎必须在收割之后储藏5年以上，才能提取鸢尾油。在这段时间里，鸢尾根茎中的脂肪酸逐渐降解氧化，变成以萜类化合物为代表的芳香物质。等鸢尾根茎完全发酵成熟之后，我们就可以用水蒸气蒸馏的方法，将其中的鸢尾油分离出来了。

美丽的污水清洁工

当然，鸢尾家族对人类世界的贡献还远不止于此。它们不仅有美丽的身姿，在对付污染物方面也有自己的特长。当前，水污染和城市水体的富营养化是让人类头疼的问题，以蓝藻为代表的藻类植物借助水体中的氮元素疯狂生长，藻类死亡后的遗体被好氧微生物分解利用，消耗了大量氧气，让原本清澈的河流湖泊都变成了绿漆状的死水。要想解决这个问题，必须从去除污染物上想办法。

科学家们在研究中发现，黄花鸢尾（*Iris wilsonii*）可以吸收城市污水中多余的氮元素，特别是对亚硝酸盐、硝酸盐等有良好的去除效果。与此同时，黄花鸢尾还可以有效抑制藻类的繁殖生长。而且他们发现，城市污水在流经黄花鸢尾湿地之后，又会重现清澈，这其中的原理，将是科研人员下一阶段的研究目标。

这么看来，鸢尾可以说既有上得了厅堂的美颜，也有下得了污水的坚韧；既能在夏日花园中独当一面，又能在香料市场和环保领域大展身手。因此，在明媚的夏日里，我们不妨与这些植物多一点儿接触，去感受一下这些彩虹花朵中的智慧吧！

第二章 苑囿之间

苏铁:
此处无花胜有花的时间记录者

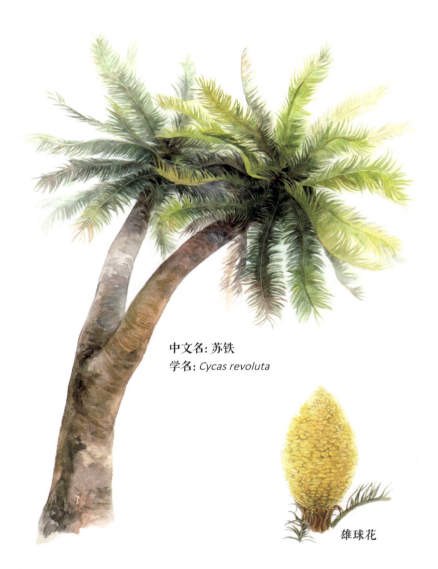

中文名: 苏铁

学名: *Cycas revoluta*

雄球花

在影片《魔戒》的开场有一段非常有深意的旁白：这个世界上有很多事情，流传的时间长了，就变成了故事，故事的时间长了就变成了传说，传说的时间长了就变成了神话。想来，所有的神话都是有根有源的，在植物世界中，这样的神话比比皆是。

在我很小的时候，就听外婆讲过一则故事，说的是在春城昆明，曾经出现过一条恶龙。这厮翻云覆雨，极尽破坏之能事，把好端端的春城变成了一片泽国。这时有一位勇士与恶龙斗法，最终战胜了恶龙，把它压在了西郊的黑龙潭中。但是勇士并不能永久在潭边镇压恶龙，于是跟这条龙做了一个谈判，约定了一个让恶龙自由的条件，那就是"铁树开花，马长角"。在外婆看来，这样的事情是断无可能发生的，而这条恶龙的刑期自然变成了无期。

今天，我再来读这个故事的时候，第一体会是，在传统上大家对于植物现象的认识都是基于身边的物件，更重要的是，这条龙不懂植物学，它并不知道铁树压根儿就是开花的。

既古老又年轻的家族

我们通常看到的苏铁，特别是篦齿苏铁，就像一个缩小版的椰子树，以至于苏铁的名字"Cycas"来源于希腊文，含义本身就是椰子的意思。但是，苏铁同椰子这样的棕榈类植物并无亲戚瓜葛。它们的关系就好像海豚和鲨鱼的关系，仅仅是形态类似而已。也正如海豚和鲨鱼，一个是新兴的海洋猎手，一个是远古而来的海洋霸主。

苏铁被称为"活化石"，就是因为这个家族出现在地球

上的时间已经很长很长了。最早的苏铁类植物出现在距今2.6亿年前的二叠纪，而苏铁家族真正的"表演"是在1.9亿年前到6500万年前的侏罗纪和白垩纪，这一时期恐龙盛行，而苏铁确实是植食性恐龙的食物来源之一。也正因如此，苏铁的形象经常与这些远古巨兽捆绑在一起，因而有了"活化石"的称号。

只是事情通常都没有那么简单，在对化石和遗传物质进行分析后发现，现存的苏铁家族竟然只有1200万年的历史，即便跟很多后起的开花被子植物相比，它们也显得太年轻了。

铁树和苏铁大不同

全世界现存的300多种苏铁类植物包括苏铁科、托叶铁科和泽米铁科。其中托叶铁科主要分布在大洋洲，而泽米铁科的分布中心在中美洲和非洲，至于我们中国人较熟悉的，还要数分布在亚洲的苏铁科植物了。实际上，很多苏铁类植物都生长在炎热的极端区域，比如半沙漠以及雨林深处，以至于很多种类都是新近才被发现的。

虽然都属于苏铁类植物，但是三个科的叶片长相差别极大。并不是所有的苏铁类植物都像苏铁那样，叶子就像双排大梳子。比如说，以泽米铁为代表的泽米铁科植物，它们的小叶片非常接近银杏的样子；而托叶铁科的植物干脆长了一副蕨类的样子，以至于有了一个别名就叫蕨叶铁。实际上苏铁类植物在自然分布区都能正常地繁殖，并不存在千年才可开花结果的事情。

在繁殖这件事儿上，苏铁类植物都有个共同点，那就是拥有了掌控大陆的植物结构——种子。

此处无花胜有花

种子是一个特别的结构，相当于把微缩版本的植物装进了一个时间和空间的胶囊。在种子这个结构出现之前，苔藓植物、蕨类植物都是依靠孢子来繁殖和传播后代的，这种方式与我们吃的大蘑菇别无二致。那些比尘土还细小的孢子随着风和水飘荡，寻找合适的家园。在合适的地点萌发之后，产生精子和卵子，最终完成精卵结合。

在这个过程中有两个关键的步骤都需要水，一是孢子的萌发需要足够的水分，二是精子游向卵子也需要水。在地球温暖潮湿的时期，这些都不是事儿。但是要向干旱的内陆挺进，那就需要摆脱水环境的限制。特别是从侏罗纪到白垩纪时期，地球开始变得越来越干燥，过于依赖水环境的苔藓和蕨类植物就显得力不从心了。

这个时候出现了一个全新的结构——种子。在泥盆纪晚期，出现了种子蕨，其种皮可以保护幼嫩的胚，种子里储存的营养成分可以为种子生长提供重要的"启动营养"。在二叠纪后期出现的苏铁类植物更是改进了种子系统，里面有了更多的营养储备，就像为远行的植物"幼崽"（种子）提供了干粮。于是，种子有了更多传递机会。

那么早期的种子是从植物的什么部位产生的呢？既然要产生种子，大家的第一反应就是要开花。但是作为裸子植物，苏铁显然是没有花朵的。传统的观点认为，苏铁的雄球花和雌球花都是特化的叶片，也就是说，种子是长在一些特别的叶子上的。这似乎很符合生物发育的历程，毕竟绝大多数蕨类植物都是在普通叶片的背面来产生孢子，至于更高级一点儿的蕨类更会有专门产

生孢子的孢子叶。

然而真实的情况并非如此，2014年，中国科学院南京地质古生物研究所的科研人员发现，苏铁的大孢子叶并不是叶子，而是枝条。种子其实是在枝条主干上螺旋排列，有点儿像芝麻的果子挂在枝干上那样。只不过这些携带种子的枝条被压扁成了类似叶片的平面状态。

除了种子这个生命胶囊，苏铁类植物的精子也不需要在陌生的自然水体里面拼命游泳了。它们有了自己的太空舱——花粉。

靠风，还是靠虫

毫无疑问，花粉是与种子同样划时代的演化产物。将精子保护起来，按目的地送达，比让精子毫无目标地去寻找自己的爱情要靠谱得多。在花粉到达大孢子叶的时候才释放出精子，这就大大提高了繁殖的效率和成功率。

虽然太空舱有了，但是没有火箭动力的加持，还是很难到达想去的目的地啊。苏铁类植物都是雌雄异株的植物，所以要想获得后代种子，那就必须要雌雄配合在一起。那新的问题出现了，花粉不可能从雄球花自己溜达到雌球花上的。

传统观点认为，苏铁类植物像大多数裸子植物一样都是靠风来传播花粉的。但是越来越多的证据显示，昆虫也是非常重要的传播媒介，特别是泽米铁科的植物完全是依靠昆虫来传播花粉的。

这点看起来有点让人摸不着头脑，因为在大多数朋友的脑海里，只有花朵提供花蜜，蜜蜂、蝴蝶才会为它们提供传播花粉的服务。而那些冷冰冰的苏铁，怎么能吸引昆虫来服务呢？

实际上苏铁的花粉是很多甲虫的食物，这也算得上一个等价交换。但是问题来了，那些没有花粉的雌球花如何来吸引昆虫呢？泽米铁和苏铁（*Cycas revoluta*）的雄球花和雌球花在授粉期间都会释放强烈的芳香气味，那些被香气搞晕头的昆虫会穿梭于雄球花和雌球花之间，最终为苏铁传播了花粉。有些种类的苏铁还能进行加温处理，进一步加强香气对甲虫的吸引力。

还有一些苏铁类雌球花另辟蹊径，比如说，有些种类的苏铁分泌一些甜蜜的液滴来吸引昆虫。虽然这些液滴的数量很少，不足以引起甲虫的兴趣，却可以满足像蓟马这样的小型昆虫的需求，顺手就帮苏铁完成了传粉过程。

这就是苏铁，一种与神话紧紧相连的植物，只是这些神话都有各自的源头，通过科学研究抽丝剥茧的追寻之后，神话之后隐藏的是更让人激动的真相。

延伸阅读：苏铁种子不好惹

在完成授粉之后，苏铁的种子就在大孢子叶上慢慢生长成熟了。因为大孢子叶的形态像是凤凰的尾巴，所以苏铁的种子又有了一个名字叫凤凰蛋。但是这个凤凰蛋可不好惹。虽然苏铁种子中富含淀粉，但是毒性成分一点儿都不少。其中所含的苏铁苷虽然无毒，但是在经过人体肠道细菌的分解之后，就会释放出苏铁苷元，这种毒素会引发神经毒性症、呼吸道毒性症及消化道毒性症，同时还有致癌风险。所以，还是收起对凤凰蛋的觊觎之心吧。

含笑:
静静吐露馨香的玉兰兄弟

中文名: 含笑

学名: *Michelia figo*

农历二月，在中国出现频率特别高的标志应该就是龙。中国有句古话叫"龙生九子，各有不同"，这句话在不同人的解读中，能读出完全不同的意思。有人说这是为了警示人们，不要只看父母的光鲜，其实他们的子女也会良莠不齐。还有人说，这是为了说明兄弟姐妹不同经历，会造成生活状态的巨大差异。

从科学的角度来讲，"龙生九子"这个说法恰恰与生物学的两个基本概念有关，一是生物多样性，二是适应。这两个概念也是理解达尔文理论，甚至是现代生物学的基础。

"蒲牢好鸣，囚牛好音，螭吻好吞，嘲讽好险，睚眦好杀，负屃好文，狴犴好讼，狻猊好坐，霸下好负重"。这恰恰说明，生物在遗传上的多样性以及随之产生的不同形态，就是对于不同生活环境适应的结果。

植物当然也是这样，在农历二月份绽放花朵的木兰家族，恰恰是"龙生九子"的贴切实例。最能说明适应的并不是那花开满树的玉兰花，而是那些藏在角落里、静静释放馨香的含笑。

木兰家的亲兄弟

与玉兰花在春日肆意挥洒自己美丽花瓣的做法不同，含笑，总是躲在一个角落之中，仿佛是在静静地观望这场热闹的花事，以至于大家都忽略了它们的表演。在中国的历代典籍里，也鲜有对含笑花的记载和评述，就连包罗万象的《本草纲目》也没有对含笑的描述，这也许是因为含笑实在是太不起眼了，也许是李时珍老爷子也没有发现这

些花朵的亮点。

含笑就像缩小版玉兰花，在园林里，它们大多只能干一个溜边填缝的工作，经常与假山和清泉相伴，不能像玉兰花那样，在中庭享有一块自己的表演天地，但是这并不妨碍含笑绽放自己的美丽。

玉兰和含笑的区别众说纷纭，有人说玉兰会落叶，而含笑是常绿的；有人说玉兰花朵大，而含笑花朵小；还有人说，玉兰是北方花朵，而含笑偏居江南。这些说法都有几分道理，但都不全对，在玉兰和含笑的阵营中很容易能找到超脱出这些规律的特殊分子，更不用说人类种植技术的发展几乎可以无视地域的差别了。

含笑之所以称为含笑，主要是因为它们开花的位置与玉兰花不同。高傲的玉兰总是在枝杈的最顶端绽放自己的美丽，而羞涩的含笑总是将花朵放在叶片旁边的叶腋处。这也是含笑不惹人注意的重要原因了。

花和叶的不期而遇

"先长叶子还是先开花"是摆在很多植物面前的难题。很多早春开花的植物都选择先开花后长叶子。对于这种做法有很多种解释，比较公认的解释是有利于传播花粉。密集的叶子毫无疑问会影响传粉昆虫的活动，而在叶片长出来之前开花，一来有利于传粉动物发现花朵，二来也有利于提高传粉者的工作效率，毕竟没有叶片阻碍，从花朵到花朵就要顺畅许多。不仅仅是玉兰，早春开放的樱花、桃花和杏花都选择了先开花后长叶。

但是，并不是所有的植物都能凌寒绽放，那仍然是一个异常艰难的选择。与玉兰在大江南北绽放花朵不一样，含笑只能在长江以南的庭院中生活，摆在它们面前的巨大障碍是太不耐寒了。

冬天的芽儿有外套

在早春时节就开出第一朵花，对植物来说绝对是一个挑战。且不说低温的影响，就连植物急需的水分也是有限的。这一次简单的绽放堪比一场战役，在花朵绽放之前，就已经准备了很长时间。囤积的营养和水分供给花蕾长大，一旦天气转暖就立即绽放出花朵，换句话说，像玉兰和含笑这样的花朵在冬天的时候就要做好开花的准备，生长出冬芽。

问题来了，冬天还要在户外工作，防寒设备自然是少不了的。像玉兰和含笑这样的木兰科植物多少都有防冻的"装备"，最典型的就是玉兰那些像毛笔头一样的冬芽了，包裹在花芽之外的都是毛茸茸的鳞片，它们能起到很好的保暖作用，为花芽提供一个舒适的小环境。至于含笑，因为原生地在华南一代，它们的外套就显得单薄许多，在花芽外面的包被上只有一些稀疏的茸毛而已。

在杨柳科家族身上这一点表现得更是淋漓尽致，比如说生长在北方的银芽柳，它们的芽外面都是毛茸茸的裘皮大衣，而生活在南方的柳树芽上只有一个单薄的鳞片，就好像是一个单层的夹克衫，抗寒性能的差异一目了然。从"外套"就能看出植物原有的生活环境，这就是自然选择在基因上留下的印记。

虽然含笑开花的时候已经是仲春时节，但不用担心，它们

自有一套吸引蜜蜂的拿手好戏，一段美好气味儿的合唱。

不管是含笑，还是兰花，它们都在自己的道路上，坚定地执行自己的计划，这就是自然界的生存法则。多样性和适应性是生物界永恒的主题，努力适应自己的生活环境，勇敢地做出选择，就会有别样的收获在等待。

含笑的花香是苹果味儿，香蕉味儿，还是菠萝味儿

很多朋友真正记住含笑这种花朵其实是从它们的气味儿开始的，但是不同人对含笑的花香评价是截然不同的。有人说它们是苹果味儿的，有人说是香蕉味儿的，也有人说是菠萝味儿的。

其实朋友们说的都对也都不对，含笑的花香确实是由多种香气物质混杂而成的，这里面有苹果味儿的乙酸丙酯，也有菠萝味儿的丙酸乙酯，还有各种花朵都通用的芳樟醇、石竹烯，说白了，含笑的花香就是一个花香气的东北乱炖，混合了多种水果和花朵的香气。那么含笑为何如此铺张浪费呢？

对于含笑来说，招揽足够多的传粉者是第一要务，毕竟把花粉有效释放出去才是花朵的根本任务。从它们的花朵形态上也可以看出来，这是一朵欢迎各种传粉昆虫来服务的花朵——张开的花瓣，轻轻抖动就能释放花粉的雄蕊，不管是蜜蜂，还是食蚜蝇，都可以在花朵上寻找到食物。这与很多兰花（比如眉兰）的策略截然相反，特殊的花结构只允许特殊的动物在花朵上进餐，而花朵的气味也是对应于这些特殊的传粉动物的。

这是自然界两条截然不同的道路。毫无疑问，含笑的做法可以招揽更多的花粉搬运工，传播更多的花粉，但是带来的问

题是花粉的浪费，还有花粉的错误投递（花粉可能被送到其他花朵之上）；而兰花的策略虽然能提高花粉的利用率，但是反过头来却限制了"招工数量"，缺乏传粉者的服务可能会让很多兰花白忙活一个花季，结果是颗粒无收。究竟如何取舍，含笑和兰花都给出了自己的答案。

延伸阅读：含笑的表亲们

　　白兰是一种在江南和西南区域家喻户晓的花朵，每年春末夏初的时候，在昆明街头都会有卖白兰花的老奶奶。白兰花的气味比含笑更为浓烈，很多云南姑娘喜欢将新鲜白兰花当作自己的配饰。

　　含笑家族也有大个头儿的种类，那就是深山含笑。这种含笑的花朵非常大，如果不仔细看的话，会误以为是玉兰在开花。但是它们的身份就是含笑，所以花朵仍然是开在叶腋，而不是枝条的顶端。

七叶树:
开着奶油花朵的假栗子

七叶树的果实

七叶树的花朵

中文名: 七叶树

学名: *Aesculus chinensis*

勤俭节约是中国人的优良传统，特别是在吃这件事儿上，这种精神更是体现得淋漓尽致。路边的野花，甚至花坛中的花卉，都有可能被搬上中国人的餐桌。马齿苋、车前草自不必说，就连黄花菜的亲戚——观赏萱草也逃脱不了被锅铲挟持的命运。好在这些花草并没有太大的毒性，不会闹出乱子。但还是提醒大家，千万要看清楚你要食用的对象究竟是什么。

两三年前，曾经有一位旅居欧洲的老人家，看到满大街都是掉落的"栗子"后，就坐不住了。他心想："这些'歪果仁'真是败家玩意儿，这么好的栗子怎么能浪费呢？"于是，他收集了很多"栗子"回家煮熟吃，结果就中毒了。因为，他吃的并不是板栗，而是欧洲七叶树的果子。

那么，七叶树和板栗之间究竟有什么关系？它们为什么如此相像？该如何区别呢？这些长相如板栗的家伙，真的是毫无用处吗？

总被误认成板栗的七叶树

不光是勤俭节约的大爷大妈，很多译者和编辑也会闹出真假板栗大混战的笑话。我在很多翻译的植物绘本中，都发现了打着板栗叶片名号的七叶树叶片。

其实，板栗和欧洲七叶树的叶片很容易分辨：前者的叶片是典型的单身状态（单叶），而后者的小叶片是手掌形状的。欧洲七叶树，树如其名，它们的掌状复叶通常有5~7片小叶，所以得名七叶树。

七叶树家族并不大，全属满打满算也只有30多个成员，

并且所有成员都分布在欧亚大陆之上。分布于中国的七叶树有10种，在大江南北都能找到它们的身影。七叶树家族的身材都是一级棒，不仅树形优美，而且遮阴效果也非常好，再加上美丽的花朵，很快就扩散到了世界各地的庭院之中。比如在爱尔兰、英国、新西兰以及美国多地，欧洲七叶树都是当地的标准行道树。

在网络上搜索板栗，很多时候查到的其实都是欧洲七叶树，也被称为马栗（horse chestnut）。之所以会被安上这个诨名，主要是因为欧洲七叶树的果实长得实在是太像栗子了。

真假栗子大比拼

金秋时节，如果能亲手摘到栗子，然后再做成美味，绝对是乐事儿一件。但是，千万不要捡了一大堆七叶树种子回去吃。上文说到，只要抬头仔细看看大树的叶子，就能在很大程度上避免中招的尴尬。但是如果你不知道手上的"板栗"从何而来，那就需要细细端详了。

虽然都是外面带刺壳、里面藏圆球的种子，但欧洲七叶树和带刺板栗的结构是完全不同的。板栗的带刺结构其实是一个叫作总苞的结构，里面包的每一个板栗，都是一个独立的小果子；而欧洲七叶树的刺壳就真的是它们的果皮了，里面像板栗一样的东西才是真正的种子。

从外形上，板栗的壳斗和欧洲七叶树的果皮还是很容易区分的：前者的刺毛十分密集，而后者果皮上的刺则要稀疏很多。至于说中国的七叶树的果皮，就更容易区分了，连尖刺都没有，虽然它们的种子也长着一副板栗的脸。

假栗子里面有毒物

如果真的碰到七叶树的果子，那就收起吃货的心吧，欧洲七叶树的种子是有毒的。这些种子里面含有一种叫作七叶皂苷（Aescin）的化合物，可以引发中毒。特别是在加热不完全的情况下，引起的中毒反应尤为强烈。

其实，以皂苷作为毒性物质来防御动物，是植物界常用的一种策略。较常见的就是各种豆科植物豆荚之中的皂苷了，比如四季豆和皂荚。

皂荚，这种像大扁豆一样的果荚非常有代表性。把皂荚切碎浸泡在水中，就会产生像肥皂水那样丰富的泡沫，可以用来清洁衣物，因而有了皂荚的名称。虽然皂苷可以成为清洁的好帮手，但是进入人类体内就不干好事儿了。它不仅可以刺激胃肠道，还有可能诱发溶血。这种物质一旦与红细胞相遇，就会与红细胞上的胆固醇结合，变成不能溶解在血浆里的沉淀物，从而使红细胞破裂，引发溶血症状。

四季豆里面的皂苷虽然对洗衣服没有帮助，但是同样会诱发溶血。所以，如果四季豆得不到充分加热，就会成为餐桌上的隐形毒药。

虽说目前的研究证实，提纯后的七叶皂苷可以被用于治疗脑水肿、创伤或手术所致肿胀，也可用于静脉回流障碍性疾病。但是，路边的那些野果子大家就不要尝试了。

七叶树家族的多面技能

虽然七叶树的果子并不堪食用，但不管是七叶树还是欧洲七叶树，都确实富含营养，其中含量最多的就要数淀粉了。很

多科学家都在琢磨怎样把这些淀粉利用起来，比如有人就提出使用脱涩技术，让七叶树种子成为可以食用的原料。但让人无奈的是，完成脱涩的种子口味不佳，还要耗费大量的人力、物力，因此，这种做法也就如同啃食鸡肋了。

当然，在有些情况下，七叶树也能挺身而出来救急。比如，在第一次世界大战的时候，英国政府一度发动民众来收集欧洲七叶树的种子。当然，这并不是为了做成面包，而是要将其中的淀粉变成丙酮，而后者正是制造无烟火药的重要原料。这样一来，既解决了淀粉原料的问题，又达到了废物利用的效果，并且还不会威胁粮食安全，真是三全其美。但是，即便是做化工原料，欧洲七叶树的种子也不是很合格。在维持了3个月之后，这项工程就偃旗息鼓了。直到第二次世界大战的时候，这项技术才重新启用。

但在欧洲大陆和平已久的今天，这种做法似乎早已被人遗忘了。如果有一天，水稻、小麦、玉米这样的农作物突然失去了贡献籽粒的能力，那也许就是七叶树家族重现辉煌的日子了。只是今天，它们的主要功能依然是在庭院、公园和道路之旁为人们制造树荫。

人类的历史，或者说所有生物的历史都是凑合的历史。在环境中，我们都在尽量凑合着使用资源，中国的勤俭节约就是凑合精神的集中体现。

莲花:
出淤泥而不染的远古记录者

中文名: 莲花

学名: *Nelumbo nucifera*

中国的文人总喜欢把自己的情愫寄托在一些事物之上，所以各种花草都有自己的象征意义。但是东方人寄托情感，并不像西方人那样在花卉上添加关于友情、爱情和亲情的故事，而更多的是关于气节和风骨的思想。莲花，毫无疑问，是中国文人非常喜欢的一种花。虽然未能与梅兰竹菊并列为花中君子，但是"出淤泥而不染，濯清涟而不妖"的词句已经足够在广大人民群众中树立其高雅的形象。

2017年5月，杭州西湖边展出了一些特别的莲花，为什么特别？因为这些莲花来源于山东济宁府北宋土层中出土的莲子，这些莲子在合适的条件下发芽、生长、开花，时隔千年再次绽放出美丽的花朵。

莲花为何会受到中国人的喜爱，荷花和莲花究竟有什么关系？我们不妨去夏日的水边欣赏一下这些美丽的水生植物。

古老的莲花家族

在进行户外活动的时候，我经常会问一个问题，莲藕究竟是莲花下面结的，还是荷花下面结的？无论回答荷花，还是回答莲花，都是正确的。因为荷花和莲花本来就是一种植物，只不过取了不同的名称而已。

虽然我们今天看到的莲花有白、有红、有绿，有的轻如薄纱，有的圆如绣球，但是这些花朵都是一个物种，那就是莲。莲曾经也有很多兄弟，在1.35亿年前，莲家族有十几个物种遍布全球的湖沼水体之中。然而在随后到来的第四纪冰期中，莲家族受到了重创。大多数成员都消失在封冻很久的水体之中，只有莲和它的小弟美洲黄莲幸存了下来。到今天，全球的莲家族几乎就靠莲这一个物种在撑台面。还好，莲并没有让人失望。

中国人看待植物的眼光，通常充满了实用主义色彩。绝大多数观赏花卉，并不是因为花朵美艳进入我们的生活，而是有着这样那样的实际用途，比如说桃花可以贡献果实，牡丹可以贡献药物。而莲花呢，则是一个从头到脚都可以拿进厨房的好东西，莲子做羹，莲藕炖汤，荷叶包饭，连嫩藕带都可以做成爽口小菜。中国人食用莲藕的历史堪称久远。在有5000年历史的仰韶文化遗址中就出土了碳化的莲子，长沙马王堆汉墓中出土了盛放藕的食盒，这都说明莲藕早就冲上了我们的餐桌。至于对莲的文字描述就更多了，在《诗经》中有最早的关于荷花的描写，"山有扶苏，隰（音同'夕'）有荷花"。

从荷花池到碗中莲

至于赏荷花的历史，大概可以追溯到战国时期，吴王夫差为了讨西施欢心，特意在王宫中修建了"玩花池"，里面栽种的都是漂亮的水生植物，荷花自然是其中的明星了。从西汉到东汉，皇帝们都对荷花有不小的兴趣，开凿荷花池是皇家园林的必要设计，只不过这个时期皇家荷花池的功能主要是为了收纳贡品。没错，当时的北方大地仍然鲜有荷花种植，荷花基本上都来自湖泽密布的江南区域。能作为贡品，那就说明此时的荷花仍然是个稀罕物。

时间从魏晋滑向宋朝，荷花的种植和使用都出现了突破性进展。在北宋时期的东京（今河南省开封市），荷花被搬上大街。工匠们在皇帝专用的御道和行道之间开挖了两条御沟，

在沟里面种上了荷花，这也是荷花在城市景观设计中的创新使用。只能说，北宋的园艺师们，你们真会玩儿！

在努力装点城市景观的同时，更多的荷花逐渐走入民居之中。当然了，民居里可没有荷塘这种奢侈的建筑形式。于是，从元朝开始，荷花的种植逐渐向小型化和盆栽化转变，出现了一些"花开如钱大"的袖珍品种。在随后的明清两代，荷花的种植更是蓬勃发展，各地的园林水体中也都种满了各式各样的荷花。清朝嘉庆年间的《缸荷谱》中就记载了33个荷花品种。

在20世纪初的战乱年代，中国的荷花栽培一度陷入冰冻期。在新中国建立之后，荷花栽培事业重新蓬勃发展起来，千年莲子再度开花。

千年莲子能"复活"

其实千年莲子复活早就不是什么新鲜事儿了。早在20世纪50年代，中国科学院植物研究所的科研人员就做过相同的事情。他们所用的种子是在辽宁普兰店发现的。

这些种子仍旧保存在古荷塘遗迹中，他们的表皮近乎碳化。经过同位素分析检测，这些莲子已经有上千年的历史。在相关的考古工作完成之后，研究人员尝试对这些古莲子做了一些处理——把表层碳化的莲子外壳打开。结果莲花种子竟然发芽了。不仅如此，这棵发芽的幼苗最终长出了莲藕，开出了美丽的莲花。到今天，我们在中国科学院植物研究所的古代莲景区，还能欣赏到这些千年莲花绽放的花朵。

其实，长寿种子再发芽，在自然界并不鲜见。1963年到1965年的一项考察中，以色列科学家在一座俯瞰死海的宫殿遗址中，发现了两千多年前的椰枣（即伊拉克蜜枣）种子。这些椰枣的种子也能够生根发芽。最为戏剧性的是这些种子于1965年被发现后，就被考古学家束之高阁了，直到40年之后，才有好奇的植物学家将它们弄来播种。谁都没有想到在播下的3粒种子中，竟然有1粒发芽了，并且长成了一棵健康的椰枣树。

这些种子之所以能保存千年之久，一方面是因为莲子和椰枣种子都有致密的果皮，这层保护壳可以将种子与外界环境隔绝开来；另一方面，莲子保存的地点位于缺少氧气的沼泽泥之中，而椰枣种子身处沙漠干旱环境，在这些地方，种子几乎处于休眠状态，可以长时间地保存。

绿色莲和千瓣花

然而，观众欣赏所谓的千年莲花，大多数时候只是看一个热闹而已。莲花的花形和花色都在不断地发展变化，以适合现代观众的品位。

同很多朋友一样，我非常喜欢一首歌曲叫《蓝莲花》。然而，我可以肯定，这首歌中咏唱的并非莲花，因为这世界上压根儿就没有蓝色的莲花。在自然状态下，莲花主要呈现出红、白两色。道理很简单，莲花根本就没有合成蓝色花青素（比如飞燕草素）的基因。至于说绿色的莲花，则是因为花瓣中意外地出现了叶绿素合成基因，这种本该出现在叶片中的色素染绿了花瓣。

附带说一句，真正的蓝莲花只出现在睡莲之中，但是睡莲跟莲花就没有交集了，就像海豚和鲨鱼只是在相貌上相似而已。

至于重瓣莲花，则是因为控制其花朵生长的基因出现了问题。一是，花瓣增生，产生了多轮花瓣，这就是多数重瓣花的来源；二是，有些花朵的雄蕊变成了花瓣的模样，让整朵莲花都变成了牡丹绣球的样子。甚至还有雄蕊、花托、心皮全部瓣化的千瓣莲，着实让人称奇。

时至今日，莲花的形态已经有了翻天覆地的变化，白垩纪的莲花老祖宗估计很难认出这些子孙了。在未来，随着基因调控技术的发展，各种各样新的形态和颜色的莲花将出现在我们身边，也许是荷花池，也许是水缸，也许真的成为旱生的地被花卉也未可知。朋友们，你们心目中最美的莲花又是什么样子的呢？

延伸阅读：太空莲花为何奇异

在莲花新品种中，有一种叫太空莲的品种名气很大。所谓太空莲，就是将莲子搭载于飞船、卫星等航天器上，去太空旅行一圈，再回到地球上种植。在太空莲中出现了花朵密集、花期长的优秀种类。当然，太空育种是依靠太空中的微重力环境，以及宇宙射线等因素来改变种子的遗传物质（如DNA）。但是，太空育种的方法是非定向性的。也就是说，我们并不知道送进太空的种子会发生好的变化，还是坏的变化。相较于新兴的转基因育种、单倍体育种等定向性更强的技术，太空育种只能作为一种补充形式。

- -

延伸阅读：并蒂莲是什么莲

并蒂莲并不是一种特殊的莲花。只是因为在某些莲花发育过程中，调控花朵个数的基因发生了差错，导致在本该一朵花占据的地方长出了两朵花。对于需要后代的莲花来说，这并不是一个好现象。且不说过多的花朵会压折"负担过重"的花葶，即使它们能够忍受那份拥挤，也会对"优生优育"产生影响。因为，那些被昆虫带走的花粉很可能被送到了临近的花朵之上，落得个近亲繁殖的结果，那岂不是降低了种子的质量。

牡丹和芍药:
从药房里钻出来的国花姊妹

中文名:牡丹
学名: *Paeonia suffruticosa*

中文名: 芍药
学名: *Paeonia lactiflora*

在中国历史上，不同观赏植物往往会被打上不同的阶层烙印，比如梅、兰、竹、菊是文人们的心头肉，普通百姓家则喜好美艳的月季，而牡丹算得上是跨阶层的一种花卉了。文人崇敬它们不为强权，被武则天烧成枯枝的气节；而普通百姓则更愿意欣赏它们雍容华贵的花朵，大家各取所需，倒也自得其乐。

说来好笑，我对牡丹的最初印象，是来自一种香烟的包装。这个外包装特别有视觉冲击力，大大的红色底色上，有一朵鲜艳的牡丹花。虽然我对抽烟一向不感冒，但是这朵花给我留下了难以磨灭的印象。

第一次到洛阳看牡丹，确实被那种花海的阵势征服了，或紫或红、或绿或白的花朵层层叠叠，真的是有王者之气。但是大家可能不知道的是，牡丹并非自古以来都是名贵花卉，它们最初进入我们的生活，竟然是从药房开始的。

药铺里钻出的牡丹花

如果我们穿越到汉朝，跟一位洛阳人讨论牡丹知识，对方肯定会处于茫然的状态。因为在这个时间点，牡丹还是混迹山野的野花而已，而它的兄弟芍药已经成为花卉的中坚力量了。

早在3000～4000年前，芍药就已经作为花卉进入国人的视野了。在春秋时期成文的《诗经》中，就有很多关于芍药的记载。在三国两晋南北朝时期，芍药就开始在花园中绽放了；到唐朝的时候，芍药已经有很多品种。但是人们大规模邀请牡丹进驻花园，则是唐朝之后的事情了。

牡丹虽是后世的花中之王，但在最初，它只是芍药的附庸而已。古人经常把芍药和牡丹混为一谈，甚至给牡丹安上一个"木芍药"的名字。这两种植物的地位，很容易就能判别出来。

更有意思的是，牡丹最初进入我们的生活，并不是因为它们漂亮的花朵，而是因为它们的根皮。对牡丹最早的记载出现在东汉时期的医书上，牡丹根上的皮——"丹皮"被认为有"滋阴降火，解斑毒，利咽喉，通小便血滞"的作用，于是牡丹就成了药房的常客。也许人们正是在采药种药的过程中，逐渐发现了牡丹的美丽。

在唐朝之后，牡丹栽培才逐渐兴盛起来，洛阳成为第一个牡丹栽培中心。牡丹的栽培场所也从皇宫内院，逐渐扩展到市井之地。在这一时期，出现了各种牡丹栽培和嫁接技术。牡丹"花之王者"的头衔也是在这一时期获得的。刘禹锡的诗句"唯有牡丹真国色，花开时节动京城"，充分反映了当时牡丹的地位。到了宋朝，牡丹观赏进入鼎盛时期，不仅在陕西、山东、浙江等地形成了多个新的栽培中心，还涌现出大量关于牡丹的园艺图谱和诗词歌赋，最著名的当属欧阳修的《洛阳牡丹记》。而作为花相的芍药，几乎被牡丹盖过了风头。

牡丹有一个复杂的大家族，中国牡丹属的植物就有8个种，3个变种。公园里常见的栽培牡丹物种、变异和品种分别是四川牡丹、卵叶牡丹、紫斑牡丹、矮牡丹、凤丹，这5种野生牡丹通过不断的杂交，贡献了自己的特点，才让我们看到了美丽的牡丹。通常来说，野生牡丹的花瓣都是单薄的，那为什么我们看到的牡丹却有层层叠叠的花瓣呢？

给牡丹扎上更多的花瓣

同大多数花朵一样，牡丹花瓣的首要使命也是保护花朵中央幼嫩的花蕊，同时招揽蜜蜂和其他昆虫来帮助传播花粉。在

这个过程中，并不需要特别多、特别奇异的花瓣。因为在昆虫的眼中，花瓣只是一个信号牌，漂亮不漂亮，丰满与否，其实完全没关系。

所以对牡丹来说，与其把营养放在不久之后就会凋零的花瓣上，还不如给幼嫩的种子多留一些划算。这样算下来，那些花瓣少而精、种子多而强的精明个体就会有更多的后代，这就是野生牡丹花瓣单薄的终极原因了。

但是，我们人类的审美毕竟跟昆虫不一样，我们就希望看到更多的花瓣。这些花瓣是怎么变出来的呢？简单来说，就是控制花朵的基因出了问题。问题出在两个地方：一是花瓣长多了，二是雄蕊变形了。

花瓣长多了，这个好理解。本来是一轮5片花瓣，通过变异，增加到两轮或者三轮，我们最终看到的花朵就有十几片甚至二十几片花瓣了。我们在公园里看到的很多牡丹品种，都是这种状态的。

要想让花朵更显富贵，还需要更多的花瓣，那么由雄蕊变形而来的花瓣就成了有力的补充。说到这儿，可能会有一些理解上的障碍，即为什么雄蕊能变花瓣，这不就好像耳朵变鼻子吗？实际上，雄蕊变花瓣要比耳朵变鼻子容易得多，那是因为雄蕊和花瓣都来自一种叫作花原基的结构，只是在生长过程中，不同细胞被分配做了不同的工作。那些专门生产花粉的细胞就构成了雄蕊，而那些专门招蜂引蝶的细胞就集合成了花瓣。通常来说，细胞们都会认认真真地干好本职工作，但是保不齐也会有开小差的。当调控基因出问题的时候，雄蕊就会变成花瓣的模样。从外形上看，这些牡丹花朵就显得更漂亮了。

但是，人类并不满足于牡丹和芍药各有千秋的花朵，已经着手将牡丹和芍药进行杂交，将两个亲本的优点融合在一起。

牡丹芍药一家亲

牡丹和芍药本来是非常亲密的表兄弟，无奈一个是木本，一个是草本，互相杂交存在很大困难。但是，园艺工作者并没有放弃任何希望，仍然孜孜不倦地寻求杂交结果。

1948年，日本育种家伊藤用花香殿芍药和金阁牡丹杂交，得到了种子。只是，伊藤先生并没有等到这些种子长出的植株开花，就去世了。独具慧眼的美国园艺学家刘易斯（Louis Smirnow）将这些植株引入美国，最终发展成著名的芍药牡丹杂交种——黄金天堂、黄金王冠和黄金梦等。这些品种黄色纯正、植株秀美，既有牡丹的叶形和花形，又保持了芍药在冬季地上部分完全枯死的特征。在花卉界，牡丹和芍药的界限正逐渐被打破。

牡丹花好，亦可榨油

长久以来，牡丹都是观花和药用的明星，跟餐桌很少发生交集。但是如今，牡丹以油料作物的身份出现在餐桌之上。对，没错，牡丹的种子可以用来榨油。研究分析表明，牡丹籽油的不饱和脂肪酸含量高达73%，而对血管大有好处的亚麻酸更是占到了50%以上（大豆油中含6.7%，葵花籽油中含4.5%）。在加工提纯之后，牡丹籽油口感与我们平常吃的食用油无异。与此同时，牡丹是多年生植物，一次种植就可以贡献多年的油料，产量不逊于油菜，还可以解决山坡绿化的问题。

形成景观之后，简直是观赏榨油两不误，是再合适不过的油料作物了。

除了给人们提供炒菜油，牡丹还有个本领，就是可以大量吸收土壤里的重金属，因而也被用于土壤污染治理。不过这点也同时让人头疼，牡丹多少会把吸收的重金属存在种子里，这无疑增加了牡丹食品的风险。如何平衡这个关系，还需要研究人员的智慧和努力。

从药物到花卉，再从花卉到油料，牡丹身份的变化，也是人类认识自然、利用自然的历史缩影。在未来，这种植物还能带给我们什么样的惊喜，我们拭目以待。

延伸阅读：为什么这些变异的牡丹能活下来呢

答案很简单，因为我们人类喜欢它们！虽然这些栽培品种在自然界竞争不过野生种，但是在人类的花园里，有园丁精心地除草施肥，并为其遮风避雨。当然，如果人类消失，这样的物种也不会存在很长时间。

石蒜:
偏爱石缝的黄泉花

中文名: 石蒜
学名: *Lycoris radiata*

很多花卉的花语都有各自不同的含义，比如玫瑰代表爱情，康乃馨代表亲情，迎春花代表春回大地，而菊花则代表收获季节的到来。不管怎样，上面这些花朵给人的感觉都是温暖的，但并不是所有的花朵都是那样和谐。有些花朵给我们的感觉是满满的诡异。

在秋天，花坛中经常会看到一些火红色的花朵，没有一片叶子，冒出一根花葶就开花。大概是因为这样特殊的形态，再加上它们通常会生长在石缝之中，这为它们招来了特殊的身份——黄泉路上之花，也有了特别的名字彼岸花和曼珠沙华。其实，它们的名字叫石蒜，是不是一下子就没了格调和寓意？不过，这并不影响这些火红的花朵抢占秋天的山岭。

彼岸花的种植史

石蒜虽然名中有蒜，但是和大蒜并没有亲戚关系。石蒜是石蒜科石蒜属的植物，这个科植物的特征就是子房下位，也就是说子房长在花瓣的下方，并不像百合那样"粗大的子房插在花朵中央"，这也是石蒜科和百合科最大的差别所在。我国是石蒜属植物的分布中心，全世界20多种石蒜植物中有15种都分布在我国，集中分布于长江以南的区域。

比起牡丹、芍药、桂花、玉兰这些明星花卉，在花卉种类的多样性方面，石蒜真是个边缘角色。虽然石蒜出现在花园里已经有1500年的历史，早在南北朝时期，石蒜就被引入了花圃。不过那个时候，石蒜并不叫石蒜，而叫金灯、金灯草或者金灯花。石蒜也从来都没有被重视过。在张翊的《花经》中，把石蒜列为七品三命，与蔷薇和木瓜是对等的。到了明代，石蒜同样被列为下品花卉，"置之篱落池头，可填花林疏缺者也"。总的来说，石蒜就是一个填补空隙的花卉。耐得住干旱、受得住贫瘠倒是让石蒜在补充花卉这个岗位上做得很好。

无叶开花的大蒜头

石蒜之所以不招人待见，它们并不是因为它们的花朵不够艳丽，而是开花的过程略显诡异。它们开花和长叶子的过程是分开的。每年秋冬时节，石蒜会抽出一根单独的花葶，用不了多久就会绽放出火焰般的花朵。试想一下，庭院里一周前还是平静的草地，忽然间铺满了火红色的花朵，怎么可能会不影响人的心理呢。所以，在中国文化和日本文化中，石蒜都有奔赴黄泉之路的寓意，它们代表着通往另一个世界的道路。而大家对它的俗称——彼岸花，也来源于这类传说。

对于花叶分离的生物学意义，有一个假说，叶子会在一定程度上影响传粉者寻找花朵。这对早春开花的山桃和山杏，以及玉兰都是适用的。但是对石蒜似乎并不适用，因为石蒜花序比较高大，并不会被叶片所遮蔽。至于为什么花叶分离，这仍然是个有待揭开的谜团。

支撑石蒜无叶开花的关键，是他们大蒜头一样的鳞茎。与很多百合科植物（百合、郁金香）一样，石蒜也有一个巨大的鳞茎，这个组织由层层包裹在一起的鳞片组成，而石蒜的芽就隐藏在这些鳞片之中。鳞片不仅为这些芽提供了良好的保护，还储备了充足的营养。石蒜的生长过程倒更像郁金

香，在开花之后进行短暂的长叶子活动，将能量储备在鳞茎中，待到次年再依靠储存的营养开花。正因如此，石蒜也有中国郁金香之称。

石蒜的花叶不同期，影响了观赏，大多数时候更适于做鲜切花。荷兰从20世纪60年代就开始了石蒜的商业性切花和种球生产，现在已经成为世界上石蒜切花和球根的主要生产国，日本也有商业栽培。我国台湾地区凭借丰富的野生石蒜资源，从20世纪70年代也开始了石蒜的商业性切花生产。当石蒜在切花市场谋求一席之地的时候，药房也为它们敞开了大门。

毒药还是灵药

论植物体的外形，石蒜埋在土里的鳞茎倒是更像洋葱。只不过这个"洋葱"是不能吃的，因为这个"洋葱"里面有"毒"，其中的生物碱会导致食用者呕吐和腹泻。道理很简单，石蒜的鳞茎储存了很多供给花朵开放的营养物质，为了防御动物的啃食，自然要在鳞茎中储备一些防御武器了。

虽然石蒜鳞茎中的部分化学物质有"毒"，但其中所含的加兰他敏却是一种重要的药物，在治疗小儿麻痹症后遗症和重症肌无力方面，有特别的效果。加兰他敏可以抗胆碱酯酶，同时还可改善神经肌肉间的传导，透过血脑脊液屏障，对中枢神经系统有明显影响，且影响持续的时间较长。另外，加兰他敏也被用于治疗阿尔茨海默病。

不过，加兰他敏也有一定的副作用，如严重的皮肤反应病例，包括Stevens-Johnson综合征、急性全身发疹性脓疱病和多形性红斑等。所以，此类药物一定要在医生的指导下使用，而不要听信一些传言，就用石蒜的球茎来治疗疾病，那只能给患者带来更多的痛苦。

除了加兰他敏，石蒜中还有很多特殊的生物碱，也存在潜在的应用价值。比如石蒜碱在对付阿米巴变形虫方面有一手。虽然它们同其他生物碱一样也有可能导致恶心呕吐等症状，但是石蒜碱仍用于治疗肠内外阿米巴痢疾，并且有相当明显的疗效。

任何花朵都有自己积极的一面，只要把它们放对位置。

延伸阅读：怎样种更多的石蒜

虽然石蒜也可以开花结果，但是成功率很低。即便是通过人工授粉，保证结果，但是从种子到开花这一过程至少也需要三年的时间。所以石蒜的普遍栽培方法，还是使用鳞茎来繁殖。母鳞茎分裂为两个子鳞茎，并最终成长为两个新植株。随着组织培养技术的成熟，石蒜的扩增速度和商业化开发也在不断提速。

- -

延伸阅读：彼岸花家族

在秋季我们不仅能看到火红的石蒜花，还能看到它黄色、白色和紫红色的兄弟。在此就带大家来认识一下常见的石蒜和它的兄弟们。

石蒜（哎哎，人家叫曼珠沙华）的火红色花瓣是它们的识别特征，先开花后长叶子。这种火一样的花朵，被称为黄泉之花倒是挺形象的。

忽地笑的黄色花朵特别常见，它也是先开花后长叶子，像从土里凭空出现一样。忽地笑的花瓣是金黄色的，与石蒜完全不是一个套路。

稻草石蒜，因为花朵像稻草的颜色而得名，我一直在琢磨哪里的稻草有如此美妙的乳白色啊。

在一众石蒜兄弟里，换锦花算是非常好识别的种类，因为它们的颜色像织锦一样绚丽，紫蓝色的花朵，颇有点儿金属质感。

这些石蒜都是先开花后长叶的。也有在春季先长叶子的个体，比如中华石蒜。但是，千万要记住了，石蒜是有毒的，这可不是黄花菜，不要打它们的主意呀。

郁金香:
改变人类社会的艳丽花朵

中文名: 郁金香

学名: *Tulipa gesneriana*

　　人类与植物之间有着千丝万缕的联系，我们从30多万种植物中挑选出堪用的种类，经过一代代的筛选、抚育，最终成为优良的作物。有些时候我们会有这样的错觉，人类就是植物界的上帝，或者说至少是作物世界的造物主。但是，很少有人会注意到，在与植物相处的过程中，人类本身，甚至人类社会的形态也被改变了。

　　4月底，郁金香的"表演"已经临近尾声。一个月来，那些绿色的叶片之上缀满了红色、黄色、紫色的多彩"小杯子"，整个宿根花卉区就像铺上了一幅巨大的织锦。再过一个月，这片绿色的叶子又将归于泥土。从土中挖出洋葱一样的鳞茎收集起来，待到9月之后再播种到庭院之中。经风霜雨雪之后，下一个春天再次绽放绚烂的花朵。

　　就是这么普通的生长轮回，曾经牵动无数人的神经，郁金香的爆红就像发生在一夜之间，短短100年的时间，它就从默默无闻的庭院花草变成了举世瞩目的荷兰国花。要想读懂这背后的故事，我们需要将目光投向16世纪中期的土耳其皇宫。

从土耳其皇宫到荷兰花园

　　16世纪，土耳其帝国出了一位爱好园艺的皇帝，他就是塞利姆二世。这位国王热衷于在王宫里欣赏奇花异草，而花色靓丽、花形优美的郁金香自然成了国王的宠儿。他曾经命人为他搜集了5万个郁金香种球（也有学者认为其间混杂了很多风信子）。如今，国王欣赏过的品种中，有14种仍然芳踪可觅。在此之前，郁金香一直是一种小众花卉，据说人类在10世纪就开始种植郁金香，但是并没有确切可查的证据。不管怎样，在漫长的人

类历史中，这些植物只是与牧人或者猎人偶遇的野花野草而已。

郁金香并不是什么稀有的花草。我们通常所说的郁金香是指郁金香属这个大家族，其中的成员多达150多种。这个家族的集中住所从我国新疆地区一直向西延伸直到地中海沿岸。6片艳丽多彩的花瓣、直立的花葶、整齐开放的花期、深藏杯状花冠之中的花蕊是郁金香的共同特征。这样的花草特别符合西方人的审美趣味，整齐、色彩艳丽也全都符合西方园林的需求。

相反，虽然郁金香属的植物在我国东南区域也有零星分布，但是像老鸦瓣这样的花朵实在无法勾起人类的欲望，再加上中国文人赏花重在意境，像郁金香这样的大红大紫未免俗气了。于是在中国历史上，并没有大规模地种植郁金香。这跟同样是外来户的水仙的境遇是完全不同的，后者清雅的花形和花香挠到了文人心头的"痒痒肉"。

土耳其国王的宠爱仅仅是郁金香飞黄腾达的开始而已，当第一棵郁金香在奥地利绽放的时候，属于郁金香的黄金时代才刚刚拉开帷幕。

休眠球茎带来的金融市场

1556年起，奥地利哈布斯堡王朝的大使从土耳其获得了郁金香的种子，并培育了实生苗，这是最早引入欧洲的郁金香种苗。直到近40年后，郁金香的种球终于来到改变它们命运轨迹的荷兰人手中。在1592年，荷兰植物学家克鲁斯（Carolus Clusius）获得了几个郁金香的种球。1594年的春天，郁金香第一次在荷兰的苗圃里展示自己的艳丽花朵。克鲁斯根据花期把郁金香分成了早花型、中花型和晚花型三种类型。谁也不曾想到，这几个种球在接下来的半个世纪中，竟然牵动了几乎所有荷兰人的生活。

郁金香引入荷兰的时间，恰逢荷兰航海和贸易空前发达的时代。财富的积累让娱乐成为可能，贵族需要有标识自己身份和地位的东西。郁金香生逢其时，承担了显示贵族势力和地位的功能。而这场炫耀比赛的开端也多少具有戏剧性，克鲁斯并没有与大家分享自己的郁金香，直到有一天，他的郁金香被偷了。这反而成了荷兰郁金香产业的开端。

很快，像洋葱一样的郁金香球茎与财富挂钩了。花色和花型越是新奇，它们的售价就越高。到17世纪初的时候，一个优秀品种的种球可以高达4000荷兰盾，这几乎是一个熟练木工年薪的10倍。当时间的指针指向1637年的时候，郁金香的售价更是达到13000荷兰盾，用这些钱可以在阿姆斯特丹最繁华的地方买下一栋最豪华的别墅！

如此高昂的价格，催生了一些在当时让人匪夷所思的贸易方式。比如，在前面我们说到，培育的种球有很长的一段休眠期。于是，人们从交易开花的种球，变为交易没有开花的种球。到郁金香交易最狂热的时期，很多人交易的郁金香竟然是在苗圃里生长的、还没有收获的种球，而收购者买到的只是一纸供货合约，数月之后，他们才能得到郁金香的种球。更让人诧异的事，这种合约竟然是可以被再次交易的。这就是最早的期货交易了。郁金香开创了一种全新的贸易模式，直到今天，期货交易仍然是金融市场的重要组成部分。

在这个疯狂的年代里，有一种被称为伦布朗型的郁金香独树一帜，成为众人争抢的目标。当时的人肯定不会想到，自己用重金换来的带有特殊斑纹和条带的郁金香花朵，竟然只是些感染病毒的"病人"而已。

病毒带来的奇异花朵

就像人类会感染流感病毒一样，植物也会感染病毒。19世纪，烟草种植者注意到，栽培的烟草会患上一种疾病，患病的烟草叶片先是变得黄绿相间、厚薄不均，接着畸形的叶片越来越多，个头不见长，并且开的花和结的果都要比正常的烟草差得多。因为患病烟草有着黄黄绿绿的花叶子，于是，这种病还得了个"烟草花叶病"的名字。1886年，德国人麦尔把患病烟草叶片榨成汁，注射进健康烟草里，不出所料，健康的烟草也患上了花叶病。这个实验说明，花叶病是由病原微生物导致的。之后，科学家使用细菌不能通过的滤网来过滤患病烟草的汁液，结果过滤后的汁液依然可以让健康烟草患病，这时，人们才意识到，致使健康烟草患病的是一种比细菌还小的微生物，这种微生物要依靠活的细胞进行繁殖。

在17世纪初的郁金香狂热时期，感染了郁金香碎色病毒的花朵备受追捧。因为在红色的花朵上有一些类似火焰的黄色条纹，让郁金香花朵显得分外妖娆。1637年，荷兰园艺学家发现，用出现碎色状态的郁金香鳞茎嫁接到颜色正常的种球之后，就会让后者出现碎色的现象。但是这个时候，人们并不知道碎色状态的郁金香是病毒搞的怪。直到20世纪初，人们才真正发现了花色改变的原因。人们发现鳞茎之间的相互摩擦，以及在郁金香上吸食汁液的蚜虫都可以传播病毒。只是到这时，伦布朗型郁金香已经在19世纪的时候失宠了，反而那些纯色健康的郁金香更受欢迎。如今，我们对于病毒的认识更多地用于防控病毒，而不是诱导其产生新的伦布朗型花朵。

郁金香碎色病毒之所以能形成复杂而精致的斑纹，是因为这种病毒可以影响花青素的合成。在发病状态的细胞中，花青素无法积累，因而出现了奇怪的色带和斑纹。而对于那些压根就不产生花青素的白色和黄色郁金香花朵来说，即便是感染了病毒，也不会出现特别的条纹。因为这些白色和黄色的花朵，并没有可以被干扰的花青素合成过程，故而它们的郁金香永远是纯色的。

时至今日，郁金香已经成为世界花卉市场的重要成员。虽然一个种球换套房的荣耀时光已经一去不返，但是郁金香依然与我们相伴，依然扮靓着春日的大地。新兴的能够引导人类社会发展的花朵何时出现，我们还将拭目以待。

延伸阅读：香槟酒能让郁金香花朵更漂亮吗

荷兰有一个传统，就是会为名贵的郁金香种球浇上香槟酒。这充其量算是个意识罢了。同其他植物一样，郁金香并不需要酒精。浇灌过多的酒精不仅对植物无益，反而有害。植物需要的氮磷钾肥料，才是它们的盘中好菜。所以，千万不要一时兴起，把自己的郁金香花朵用酒给"灌倒了"。

- -

延伸阅读：郁金香能放进卧室吗

有网络传闻说，郁金香放在室内会引发脱发等中毒症状。这种说法其实毫无道理。郁金香中确实含有一些有毒的生物碱，比如郁金香苷A、郁金香苷B和郁金香苷C。在第二次世界大战中，确实有因为误食郁金香种球导致人畜死亡的案例，但是这并不意味着郁金香会向空气中释放有毒成分。相反，这些生物碱都是非挥发性的稳定物质，所以，只要不去啃食郁金香种球，就能避免中毒。

茶花:
拥有层层美艳衣

中文名: 山茶
学名: *Camellia japonica*

小时候，家在黄土高原的我一直没有机会见到真正的茶树，更别说茶花了。最早知道茶花是在电视的商标上，再到后来，读了《天龙八部》小说，书中写了两种茶花，一种叫十八学士，据说是一根枝上有18朵花，并且朵朵花色不同，从粉红、大红到大紫；还有一种叫"抓破美人脸"，因为每朵纯白的花上都有一道细细的红线，因而得名。

见到真正的茶花是我在云南求学的时候。隆冬时节，它依然有碧绿厚实的叶片、层层叠叠团聚在一起的花瓣、花朵中央金黄的花蕊，优雅而有生机。冬春时节，当大部分花朵还在沉睡时，唯独茶花能打破这种沉闷。难怪在英语里，茶花被称为冬日玫瑰（winter rose）。作为一名吃货，我终于有一日忍不住偷偷扯下一片叶子"吃"了，发现这东西完全没有茶的滋味，干、硬、涩，就是舌头的全部感受了。

那么，茶花的叶子和茶究竟是什么关系？在市场上火热过一阵的茶树油跟茶花又是什么关系呢？

山茶科的大家族

我们通常说的茶花，其实并不单指茶的花，而是一个特别的混合体。凡是山茶科山茶属植物的花朵都可以"使用"茶花这个名字。不过，整体而言，真正有漂亮花朵的是山茶、滇山茶和茶梅这三个种，以及它们之间的杂交种类。

至于说茶，在贡献花朵这件事情上并不出色。毫无疑问，茶是一种有中国味道的植物，它们的嫩叶片经过加工就成了我们熟悉的绿茶、红茶、乌龙茶、普洱茶等茶叶饮料。这些特别的饮品在推动世界贸易发展的进程中发挥着巨大的作用，在某

种程度上可以说，茶叶贸易真正地连接了东西方世界。而茶的花朵却很少有人会关注，那些瘦小的白色花朵并没有登堂入室的机会。

茶树油主要来自油茶的种子，虽说山茶的种子也有油脂，但是远不如油茶种子的含油率和出油率高。在湖南、江西一带，这些开着小白花、长着大茶果的植物，从很久之前就开始为人们提供食用油了。

真正在人们的庭院里唱主角的还数山茶、滇山茶和茶梅，它们是名副其实的观赏植物。

我们先说茶花中的老大——山茶。相较于其他两种茶花，山茶不仅分布范围广，如在山东、江西等地都有野生种，而且栽培范围更广，它不仅在江南的庭院中广泛栽种，如今在北方的花卉市场里也不鲜见。山茶的个头介于茶梅和滇山茶之间，最高可以长到9米左右。山茶有个特征，就是枝叶和花果都是光滑的，并无茸毛覆盖。

如果说山茶已经在庭院中浸润了文化气息，那滇山茶就仍然带着足足的山野风情。虽然古大理国的皇族对滇山茶青睐有加，但是滇山茶却在很长的时间内偏居在云南一隅。不过，这并不能阻挡它们释放艳丽的光彩。高达15米的苗条身姿，从白到红的多彩花色，都足以让它们与山茶并驾齐驱。

茶梅是三种茶花里个头最小的兄弟，也是分布区最靠北的种类了。这种原产日本的茶花具有耐寒的绝技，能在冰天雪地里生活，甚至能在恶劣的情况下绽放花朵。茶梅最明显的识别特征是它们的嫩枝、叶柄和子房上都有茸毛，也是区别于其他两种茶花的重要特征。

墙内开花墙外香

除了山茶、滇山茶和茶梅这3种主力的茶花，我国还有235种山茶属的植物，几乎占整个山茶属家族成员的80%！按理说，中国人赏茶花、种茶花的历史应该算很长了，但是事实并非如此。

虽然我国栽培山茶的历史可以追溯到三国蜀汉时期，但是这类花卉一直没有很高的地位。在张翊的《花经》中将山茶列为"七品三命"，在最高"九品九命"的等级序列中，茶花最多算得上是个中流。虽说在后来的隋唐时期和明清时期，关于山茶都有记载，但是茶花在中国的地位远不如荷花、牡丹和国兰。充其量，就是个装点江南园林的配角。到今天为止，中国本土培育的茶花品种只有1000多种，还不足世界茶花品种的零头。

与在中国不温不火的处境不同，欧洲人对茶花表现出了极大的热情。在公元15世纪，日本从中国引种了大量的山茶。所以，山茶的拉丁种名是代表日本的"japonica"，而不是代表中国的"sinensis"，这不得不说是个小小的遗憾。

不管怎样，茶花一进入欧洲，欧洲整个园艺界都疯狂了。1739年，英国人罗伯特·詹姆士（Robert James）把山茶植株带回了英国。在随后的两百多年间，欧洲人不断从亚洲各地引种了多个山茶和滇山茶品种，并在引入野生种的基础上进行了大量的杂交改良，培育出了数万个茶花品种，这才形成了今天以山茶、滇山茶和茶梅为主的现代茶花体系。

点燃冬日的火红

山茶的画像最早出现在公元11世纪，那时的山茶是艳丽的

红色。在宋代的绘画中，才出现了白色花朵的品种。到今天，茶花的颜色已经变得十分丰富了，从纯白到淡粉，从绛红到艳紫，应有尽有。

为茶花赋予艳丽色彩的是花青素（以矢车菊素为主），这也是月季、牡丹等绝大多数花朵呈现丰富颜色的基础。而茶花之所以有丰富的颜色变化，除了花青素种类和数量的差异之外，还有花瓣细胞中的pH值、可溶性蛋白和可溶性糖等因素，都会对花瓣的颜色起到调节作用。

通常来说，花青素在pH值较低的酸性条件下会呈现出亮红色，而在pH值较高的碱性条件下会呈现出蓝色。云南农业大学的研究人员发现，随着花瓣的颜色由浅变深，花瓣细胞内的pH值逐渐降低。

而可溶性糖一方面要充当花色苷的组成部分，另一方面还会成为花青素苷合成多种酶基因所表达的诱导信号分子。这些糖分子一般有两个作用，一是可以激活一些酶的活动，开启花青素苷合成途径；二是可以成为原料（前体物质）促进花青素苷的合成。简单来说，可溶性糖就是启动花青素加速合成的一把钥匙。

不过，茶花光有艳丽的颜色还不够。人们在选育的过程中，还培育了具有半重瓣、重瓣和复瓣特征的山茶，一改野生茶花单薄的形象。这些多出来的花瓣，人们又是怎么研究的呢？

层层花瓣"扎"上去

通常来说，一朵野生茶花的花瓣只有1~2轮，最多十来片，但是重瓣花的花瓣数量可以达到数十片。刚刚冒出头的那点花原基是不分花瓣和花蕊的，后来在不同基因的控制下，才分化出了职责不同的组织。这些司职花器官形成的基因被分成A、B、C三类。其中，A类基因控制萼片的形成，B类和C类基因一起控制花瓣的形成，而雌蕊和雄蕊的形成则是由C类基因控制的。由此可见，花朵的形态是由几类基因同时控制的，其中A类基因和C类基因对于茶花尤为重要。

在对山茶重瓣花的基因表达进行分析之后，人们发现，山茶重瓣花起源方式并不是唯一的，而是包括萼片起源、雄蕊起源和重复起源等多种可能。简单来说，就是因为A类基因和C类基因的错误表达，有些山茶的萼片变成了花瓣，或是雄蕊变成花瓣，或是长出了一些"多余"的花瓣。

更有意思的是，山茶不同形态的重瓣花朵很可能有完全不同的起源方式。比如，萼片变成花瓣的品种就开出了半重瓣型的花朵；而牡丹重瓣型品种，不仅有萼片变成了花瓣，还有从雄蕊变成的花瓣助阵；至于托桂型品种中，重复起源与雄蕊起源并存，辅以萼片起源。完全重瓣型的山茶品种主要是因为多长了几轮花瓣，当然这些花朵上也可能掺杂着一些变形为花瓣的雄蕊和萼片。

至此，茶花的形和色都已确立，形成了自己独有的风格。但是园艺学家们并不满足于此，颜色迥然不同的金花茶从家族中脱颖而出。

特立独行的金花茶

金花茶是山茶科山茶属中一类植物的通称，我们通常见到的有金花茶、凹脉金花茶和柠檬金花茶等。金花茶，花如其名，金黄色的花瓣与其他山茶属植物的红白花朵形成了鲜明的对比，所以在培育出来之后，就受到园艺界的推崇。

　　每年的七八月间，在广西的乡间经常能看到席地晾晒的金黄色花朵，那些就是金花茶了。这是因为坊间流传着金花茶有抗菌、抗癌、降血脂等诸多神效。但遗憾的是，这些效果都缺乏有效的临床实验数据，这些"好疗效"还挂着大大的问号呢。至于宣传中所说的金花茶的氨基酸含量高，就更不值得追逐了，因为我们平常吃的蔬菜、豆腐，足以满足人体对氨基酸的需求。

　　毋庸置疑的是，这样大规模地采集金花茶，已经严重影响到金花茶的自然繁殖和更新，几乎所有的金花茶属植物都处于濒危状态。很多野生的金花茶植株直接变成了盆景，被送往城市，园圃种植管理条件大多不精细，这些被搬下山的精灵，多半会在短时间内"香消玉殒"。另外，我想说：为我们的子孙留下一些改变茶花色彩的机会，尽可能多地挽救茶花濒危种，要比满足现实的口腹之欲更有价值！

　　这就是茶花，一类充满中国气息的传统花朵，一类满载华夏血缘的美丽花朵。希望在它们成为世界花卉的进程中，仍然能保留我们中国的印记，让世人知道，中国不仅有茶，还有茶花。

第三章 案几之上

唐菖蒲:
年轻的鲜切花王者

中文名: 唐菖蒲
学名: *Gladiolus gandavensis*

取名字是一个学问，不管是东方人，还是西方人，总是喜欢用自己熟悉事物的名字加以改装，变成新事物的名字。比如，我们把番茄叫洋柿子，把马铃薯叫洋芋，把佛手瓜叫洋丝瓜。就这样，我们通过不停地联想和改造，把命名系统丰富了起来。而我们的西方朋友就不停地在熟悉的苹果身上加延伸，比如菠萝叫pineapple，莲雾叫wax apple，番荔枝叫sugar apple。在林奈创立生物命名双名法规则之前，各种植物的名字可真是一锅粥。

虽然这种联想有利于记忆新事物，但有时候也会给我们带来麻烦。比如说，如果我们搜索端午节的主角菖蒲，就会搜出一大堆美丽花朵。只是这些美丽的花朵根本就不是被中国人视为驱邪植物的菖蒲，而是漂洋过海而来的唐菖蒲。

从地中海到南非的爱恋

唐菖蒲和菖蒲虽然只有一字之差，但是两者却是完全不同的植物。我们平常说的菖蒲是天南星科的植物，与红掌、白掌、马蹄莲是一家子，只是菖蒲没有这些兄弟姐妹的美丽佛焰苞，不仅个头儿不大，连颜色也不鲜艳，在端午节之外的时间里，几乎都是孤零零地蹲在湿地里。

而唐菖蒲就完全不一样。虽然它们的叶子与菖蒲的叶子十分相似，但是花朵却比菖蒲美艳百倍。唐菖蒲并不是一种植物，而是鸢尾科唐菖蒲属300多种野生植物以及它们的杂交后代的共有名称。

唐菖蒲的花序是典型的蝎尾状花序，因为它们的花朵在花序轴上的排列样子，就像弯折的蝎子尾巴。每朵花都有三大三

小六片花瓣，特别是有一个像盖头模样的花瓣轻轻地抚在花蕊之上。唐菖蒲花朵的质感特别像中国的绢花工艺品，以至于很多朋友都会忍不住去触摸花瓶里的唐菖蒲。

作为鸢尾科的成员，唐菖蒲的形象一点儿都不输于美颜的当家人。如果说鸢尾家族是庭院中的明星，那唐菖蒲就是花店里的当家花旦。只是当家花旦的功力并非一朝一夕取得，而是众多园丁在数百年间心血的结晶。

鲜切花世界的王者

比起当作欧洲各大家族族徽的鸢尾来说，唐菖蒲绝对是花卉世界的小字辈。因为那些天然分布在地中海沿岸的唐菖蒲花朵并不是十分出色，虽然也被一些园丁欣赏，但终归是种半家半野的花朵。

唐菖蒲家族的命运转折发生在18世纪中叶。在1737年的时候，英国人终于建立了通往印度的贸易航线。而南非作为航线上的重要节点，也被很好地经营了起来。作为大英帝国海外属地的象征物，很多花卉植物都被源源不断地带回英国本土，那个时期的英国园艺圈可是热闹非凡。在1739年到1745年之间，有大量的南非原产的唐菖蒲被带回英国，开始了非凡的旅程。

灿烂的花朵为哪般

唐菖蒲为什么在花圃里如此成功？这还得从它们的花朵特点开始说。

世界上的花朵形态千千万，但归根结底都是为了繁殖。而繁殖的核心就是提高花粉在同一个物种之间传播的效率，以及产生种子的效率。所谓"龙生龙，凤生凤"，这就是所谓的生殖隔离。

通常来说，开花植物的生殖隔离，要么发生在传粉之后，要么发生在传粉之前。前者依靠花粉和柱头，以及精子和卵子的识别工作，比如杨树的花粉是无法在核桃花的柱头上萌发的，即便萌发，两者也不会产生爱情结晶；而后面这种形式，依靠的是花朵通过颜色、气味、形态限制不同的传粉动物，让花粉只会在同一类花朵中流动。

鸢尾科植物都是依靠特别的花朵来区分传粉者，不同的唐菖蒲依靠不同的花朵形态和颜色吸引着不同种类的传粉动物，这样就能保持自己后代的纯洁性。

这恰恰给了园艺学家很好的机会，使得人类可以任意搬运花粉，突破了300多个唐菖蒲物种原本设定的隔离界限。任意两个原生种都可以杂交产生后代，甚至它们的杂交后代也可以无障碍地继续杂交，这就让唐菖蒲家族有了多变的花色和花型。

在不断育种的过程中，园艺学家逐渐培育成了一些经典的品种。1823年，英国人科尔维尔（Colville）用绯红唐菖蒲和忧郁唐菖蒲杂交培育成了早花型的柯氏唐菖蒲。1837年，比利时人贝丁汉斯（Bedinghans）用鹦鹉唐菖蒲和多花唐菖蒲杂交得到了夏季开花的甘德唐菖蒲，因为植株挺拔，或黄或红的花朵颜色鲜艳，这个品种最终成为很多现代品种的始祖。

1899年，一种有着黄色花朵的报春花唐菖蒲在南非的热带雨林中被发现，这个物种的出现极大影响了后来的唐菖蒲育种工作。

时至今日，唐菖蒲已经成为与月季、菊花和香石竹（康乃

馨）并列的世界四大鲜切花之一。

花瓶里鲜花开

自从唐菖蒲成为鲜切花的主力，就不断出现在各种会议、宴会之中，成为宾馆大堂不可或缺的装饰花之一，也越来越受到插花师的青睐。这些脱离了绿叶滋养的鲜花，如何能在花瓶中绽放更长时间呢？比起我们这些欣赏者，那些从事花卉贸易的工作者更关心这个问题。

市面上有很多传闻，说要想让花朵开的时间长一些就需要加盐，加白醋，加柠檬汁。我不禁想，这要是再加点儿橄榄油，是不是就变成沙拉了。当然，更多的传闻是使用阿司匹林，这些办法对于延长唐菖蒲的开花时间究竟有没有帮助呢？

这还得看开花所需要的基本条件，对于植物而言，开花结果是生命中的头等大事儿，毕竟这关系到繁衍后代的事儿。既然花朵是繁衍后代的重要部位，那必然是营养云集的重地。

当然了，对于植物而言，种子才是最重要的，所有的营养供给都是围绕这些未来的植物进行的。一旦出现营养供给不足的情况，优先放弃的就是花瓣，甚至是干脆放弃这些不能产生种子的花朵，整体萎蔫。这当然不是我们人类想要看到的结果。那么，究竟怎样才能把这些花朵抢救回来呢？

糖还是阿司匹林

对于植物来说，蔗糖是个不错的选择，因为适量的蔗糖不仅可以为细胞提供能量，还能帮助细胞维持正常的渗透压，控制水分进出，这对于植物来说至关重要。另外，对于唐菖蒲的鲜切花而言，还需要让那些未开放的小花次序开放，这些都需要大量的能量供给。给花瓶的水里加糖就变成了有效的支持手段。

对唐菖蒲的鲜切花来说，浓度为10%的蔗糖溶液就足够了，1000毫升的花瓶（参见中等大小可乐瓶），大概6汤匙糖就可以满足能量所需。顺便说一下，千万不要以为加得越多越好——浓度过高的蔗糖溶液不仅不能提供更多养分，反而会像咸菜缸里的卤水，会夺去唐菖蒲中的水分，那就变成腌咸菜了。

那么加阿司匹林有更好的效果吗？其实阿司匹林有另一个名字叫乙酰水杨酸，在一定条件下它们可以分解，产生水杨酸。

水杨酸不仅可以对抗乙烯（这可是导致植物萎蔫的直接元凶），还可以提高植物的抗病性。在水杨酸的诱导下，植物可以产生更多的对抗真菌、细菌和病毒的蛋白质，这在一定程度上阻止了鲜切花被这些有害微生物侵染，从而延长盛开时间。

虽然水杨酸作用很大，但是作为同门的化学物质，阿司匹林却不能对植物产生影响。它们必须分解产生水杨酸后才能在植物中发生作用。通常情况下，阿司匹林很难溶解在水里，就更不用说分解的速率过慢影响效果了。

在针对玫瑰、百合、非洲菊等花卉的实验中，加阿司匹林的培养液并没有延长鲜切花的花期。虽然用阿司匹林养花并非空穴来风，有一定的科学依据，但其效果不容乐观。

看到这里，你会不会因为这一大堆的菖蒲名字感到眩晕？其实在植物界还有很多共用名字的事儿，这也正是分类学家工作的意义所在。分而知之，可不要叫错呦！

延伸阅读：菖蒲大不同

除了唐菖蒲，其实还有一大堆植物在冒用菖蒲这个名字，其中最有名气的要算黄菖蒲（*Iris pseudacorus*）和九节菖蒲了。说起来，这黄菖蒲还是唐菖蒲的表兄弟，它们都是鸢尾科的成员。

黄菖蒲其实是一种鸢尾，之所以称为黄菖蒲，是因为它们开着黄色鲜艳花朵，有着菖蒲一样的剑形叶子。而且它们也不像其他鸢尾兄弟那样喜欢旱地，它们更愿意同真的菖蒲那样长在水边。

至于说九节菖蒲，就跟菖蒲关系远多了。它们因为经常出现在武侠游戏中，倒是比原版菖蒲更为出名。九节菖蒲其实是毛茛科的阿尔泰银莲花的根茎，只是因为根茎与菖蒲相似，并且有节，因而得名。这个药材可不像在游戏里那么友善，如果误食，会引发中毒，甚至会危及性命，还是不要学武侠游戏了。

令箭荷花：
仙人掌家的明星花朵

中文名: 令箭荷花
学名: *Nopalxochia ackermannii*

　　在人类的思考习惯中，标签化是个非常特殊的现象。不管是人还是事物，一旦被打上了某种标签之后，就很难摆脱这个固有印象了。比如说，在打上仙人掌这个标签之后，这一类植物在人们心中的形象就是长满刺儿的，在沙漠中生活的耐旱植物，很少会有人注意到仙人掌家族也能绽放出美丽的花朵。再比如说，提到昙花一现这个词，我们首先想到的是那些美丽却易逝的人和事儿，却很少有人注意到昙花这样做的真正原因。

　　但是现实总是会给人不一样的体验。突然，有一天，一位朋友问我，他们家的昙花已经开了3天了，还不见要凋谢的样子，这是不是不正常？打开他发来的"神奇昙花"的照片一看，这分明就是美丽的令箭荷花。

　　令箭荷花被误认为昙花，这其实是一种思维定式的外在标签。那两者究竟有何差别，它们的身世又有何种联系呢？

来自美洲的仙人掌明星

　　令箭荷花是一种非常容易打理的花卉，在我的童年记忆中，令箭荷花是花盆里面的常客。不管是昙花，还是令箭荷花，开花都太难了。这大概也是一个把两者捆绑在一起的共同点。

　　这也难怪，令箭荷花的老家在中美洲，墨西哥是它们的分布中心。那个地方终年都是酷热和干旱的状态，要想开花并不容易。这一物种来到中国安家其实是人类的杰作，不曾想，却在这里找到了比老家更适宜的生活环境，那就是中国人的花盆。因为很多中国人都对昙花一现这个成语有着别样的情愫，就想一睹昙花绽放的美颜。于是，作为昙花的兄弟，令箭荷花就变成了花盆里的"假冒昙花"。

就长相来说，令箭荷花和昙花确实有相似的相貌，它们都有扁平如叶子的茎秆，也有硕大如荷花的花朵。如果不是花朵颜色和茎秆边缘的差别，那还真的很难区分这两种植物。

总的来说，令箭荷花的茎秆更厚实，形似令箭，也没有昙花植株边缘的那种波浪风格，令箭荷花也因此得名。至于说花朵，令箭荷花的花朵通常是红色的，而昙花的花朵通常是白色的。知道这些差异就可以区分两者了。

当然，不要忘了，还有令箭荷花的开花时间要比昙花长很多。单朵昙花的完全绽放时间通常只有3小时，而令箭荷花的开花时间可以长达3天，能够笑迎太阳的一定是令箭荷花了。

夜晚的花朵为谁绽放

花朵在夜晚绽放有一个重要的原因，就是取悦夜晚活动的传粉动物。要知道，花朵的重要使命就是传宗接代，把基因传递下去。在沙漠地区，白天活动的动物实在是太有限了，夜晚才是动物的活动时间，于是很多沙漠植物都选择了在夜晚绽放花朵。像大型的蛾子、蝙蝠都是很好的花粉搬运工，它们对传粉工作的贡献一点儿都不比蜜蜂和蝴蝶差。而缩短开花时间，恰恰也是为了保存宝贵的水分。有人问，那不就降低了授粉的成功率吗，还怎么结果子？不要紧，令箭荷花和昙花这样的植物通常是多年生植物，它们有的是时间来做繁殖的事儿，况且一个果实里面有很多很多种子。只要在漫长的生命过程中，成

功地结出几个果子，就完成了繁衍后代的使命。

夜晚除了花朵的绽放，令箭荷花和昙花的叶子也在忙碌着，甚至比白天还要忙碌。叶子上的"城门"——气孔，只有在此时才会被打开，努力吸收空气中的二氧化碳。

这其实是这些仙人掌类植物应对沙漠环境的一套生存方式。在烈日之下乖乖地休息，当太阳落山之后，打开气孔，尽可能地收集、储备二氧化碳，以供光合作用所需。这样就能在很大程度上减少水分的蒸腾，在沙漠中算得上是一种生存秘籍了。

在吸收二氧化碳的过程中，会用到一种特别的物质——磷酸烯醇式丙酮酸（PEP），所以这类植物也被称为景天酸植物。每天晚上，昙花都会把吸收的二氧化碳与PEP结合生成草酰乙酸，然后再变成苹果酸储备起来。等到白天，需要使用二氧化碳的时候，苹果酸又会发生分解，释放出二氧化碳，供应给进行光合作用的叶绿体。而此时，气孔是处于关闭状态的，当然不用担心水分流失了！

刺，叶子，还是枝条呢

虽说令箭荷花的植株没有仙人球、仙人掌那么凶猛，但是在植株上还是能找到一些毛茸茸的小刺。对于仙人掌家族，刺的来源有多种说法。一个流传甚广的说法就是，仙人掌的刺都是退化的叶片，这是适应沙漠干旱环境的一种特征。

一方面，仙人掌的叶片变成尖刺，在很大程度上减弱了蒸腾作用，也就在很大程度上减少了水分丧失，有利于在干旱环境下生存；另一方面，仙人掌的叶片变成尖刺，有利于保护仙人掌的植株，毕竟一个水分丰富的茎秆在沙漠食草动物眼中都是难得的美味。

然而，这些传统认知都受到了挑战。首先，对于刺的来源，很多科学家就持有不同意见。如果这些刺都来自叶片，那么在刺上应该具有类似的细胞结构。这就好像，我们说人的手、蝙蝠的翅膀、鲸鱼的鳍有共同的骨骼组成，证明了它们来源于共同的器官一样。问题来了，在仙人掌刺的细胞结构中，并没有叶片常见的细胞，没有气孔，没有保卫细胞，有的只是一个表皮层和木质化的中心。更有意思的是，仙人掌的尖刺通常是一个没有生命的结构，就像是人类的指甲和头发一样，只有基部在生长，这也与叶片的结构大相径庭。所以，仙人掌的刺究竟是什么，还需要更多的研究和讨论。

至于功能，除了保卫植株，仙人掌尖刺的作用远比我们想象的要丰富。很多仙人掌科植物的尖刺是很好的水分收集工具。在仙人掌的原始生活区，降水是件可遇不可求的稀罕事儿，但是这些地方的早晨都有大雾。很多仙人掌的细密尖刺就是收集雾气的工具，当雾气撞上这些茸毛般的尖刺，就会聚集成小水滴，顺着茎秆流下去，滋润仙人掌根部的土壤。就这样，仙人掌就可以在多年都不下雨的地方顽强地生存下去。

在以色列，人类已经将这种生物智慧应用到了生活之中，比如在云雾缭绕的山坡高处搭起网子，雾气就开始在网上凝结，聚集成水流，变成生活用水。

世界很大很精彩，不要让思维定式限制自己的想象力，也不要让标签成为探索未知路上的羁绊。外面的世界永远很新鲜，正如那一朵绽放的令箭荷花，勇敢地朝向太阳，去寻找自己的生命真谛。

延伸阅读：令箭荷花需要日光浴

很多朋友都抱怨，自己家的令箭荷花很多年都不开花，明明天天浇水，连冬天都供在有暖气的房间里面，为啥就不见花蕾露头呢？其实道理很简单，那是晒太阳的方式不对。春秋两季，一定要把令箭荷花放在阳光充足的地方，而夏天的时候，又需要避免阳光的暴晒。

另外需要注意的是，作为仙人掌科植物，令箭荷花也不喜欢过多的水分。如果水分过多不仅会影响开花，更严重的还会导致根系腐烂，那就不是好玩的事儿了。

延伸阅读：长满叶子的仙人掌家成员

木麒麟和樱麒麟是仙人掌家的异类成员，这两种植物开花的时候，粉红色的小花，会让人误认为是樱花绽放。但是凑近看就会发现，它们的植株上布满了尖刺。很难想象，这些有叶子的植物会是仙人掌的亲戚。

天堂鸟:
天堂花朵变鸟头，纯属偶然

中文名: 天堂鸟
学名: *Strelitzia reginae*

现如今，我们可以看到许多跨界的现象，唱歌的去演电影了，说相声的去演电视剧了，生产空调的去研发手机了……总之，跨界已成了一种风潮，一种彰显价值的方式。

植物圈的跨界现象就更多了，小的像荷包花，大的像红唇花，还有些花朵干脆长出了类似方便面的模样（巴拿马草）。当然，也少不了一些卖萌的动物模仿者，比如长着一张萌脸的猴面小龙兰，浑身长毛的角蜂眉兰，还有长相如蝴蝶的醉蝶花。但是在我看来，这些伪装者的样子都不如鹤望兰那么精妙。纵然是第一次看到鹤望兰的人，也无需指点就可以识别出："这不就是'仙鹤头'吗？"

没错，鹤望兰的花朵不仅色彩艳丽，模样上更是让人啧啧称奇，有嘴、有眼，甚至连"鹤的头冠"都惟妙惟肖——无论是在庭院中，还是在花店里，鹤望兰都是吸引人目光的焦点。鹤望兰为何长成这般模样，难道它们与仙鹤真有说不尽的情缘吗？

南非飞出的鹤望兰

今天，我们在世界各地都能看到鹤望兰（*Strelitzia reginae*）的身影，但这种花并不是全球广泛分布的植物，它们的老家在南非。隶属于旅人蕉科鹤望兰属（*Strelitzia*）的植物一共只有4种，但是这并不妨碍这个家族成为世界园艺界和鲜切花交易的宠儿。

虽然这4种鹤望兰的个头儿和花朵颜色各有不同，但是它们花朵的基本形态是一致的。我们看到的一个"鸟头"，其实并不是一朵花，而是由很多朵花组成的一个花序。像鸟嘴的绿色部位其实是花序总苞，花朵在开放之前都包裹在其内；蓝色的鸟眼睛其实是鹤望兰的花瓣，这大概是花朵上最明显的部位；至于黄色的头冠，其实是宿存的没有脱落的花萼。如此这般，就组成了一个鸟头一样的花序。

鹤望兰的拉丁学名跟其形状和产地都没有关系，大概是探险家为了讨好英国国王乔治三世而取的。鹤望兰的拉丁属名就来自他的皇后夏洛特（Mecklenburgh–Strelitz）。这种植物在1773年由英国植物学家约瑟夫·班克斯爵士引入英国皇家植物园（邱园，Kew Garden）之后，奇异的花朵就吸引了公众的目光，并从此开始了巡游世界的探索之旅。当然，爱屋及乌的夏洛特皇后也没少照顾邱园，并且得了个植物学皇后的美誉。

今天，鹤望兰已经成为世界各地热带、亚热带及暖温带植物园的必备物种，更重要的是它们已经成为重要的鲜切花物种，甚至有"鲜切花之王"的称号，在花店占据了重要位置。那么问题来了，这些奇怪的花朵在自然界扮演的是何种角色呢？

奇花配奇鸟

在人类欣赏鹤望兰花朵的时候，首先想到的就是这东西是不是跟鸟有关系？还真是有关系，但并不是跟鹤有关，而是跟一种叫南非织雀（Ploceus capensis）的小鸟有关。这种小鸟有高超的搭建巢穴的技能，擅长在树上编织鸟巢。当然，它们飞到鹤望兰的花朵上并不是为了收集搭建鸟巢的材料，而是找吃的。没错，这些小鸟的食谱中不仅包括种子、昆虫，还有花蜜。

在鹤望兰的花朵上有一个精妙的瓣膜状构造，这个构造由蓝色的花瓣形成。花瓣合生形成了一个剑鞘模样的瓣膜构造，套在雄蕊之上。在没有受到外力挤压的时候，这个"剑鞘"处于闭合状态。当南非织雀来鹤望兰花朵上找花蜜的时候，它们的爪子就

会紧紧地抓住蓝色花瓣，再把它们的嘴伸到花瓣的基部去吸蜜。这样一来，花瓣"剑鞘"就向两侧分开，"吐出"内藏的花粉满满的雄蕊，并给食客的脚来了个花粉沐浴。双脚沾满了花粉的南非织雀再去下一朵花吸蜜的时候，花粉就会落在花瓣先端那个黏糊糊的柱头之上，这样就为鹤望兰完成了传播花粉的工作。

更有意思的是，释放花粉的部位和存放花粉的部位配合得简直天衣无缝。飞来采蜜的南非织雀根本不用挪动身体，就可以享受完这顿花蜜大餐。鹤望兰的服务意识为啥这么强呢？其实这还是为了它自身着想。

对大多数植物来说，最头疼的事情莫过于自花授粉产生的浪费了，消耗了花粉胚珠尚且不说，导致后代孱弱才是大问题。于是大多数花朵都有避免自花授粉的一套机制。对于鹤望兰来说，有两大绝招：其一，就是花朵次序开放，每个花序上通常只有一朵花在开放，这也是很多植物的策略；除此之外，鹤望兰还有一个绝招，就是让食客安安稳稳地吃饭，别挪脚，这样一来，花粉就不会沾到柱头之上了，这一招堪称避免自花授粉的高级技巧。

如此奇特的传粉行为，虽然保证了鹤望兰花粉和胚珠的高效使用，但同时也带来了一个大麻烦，那就是特化的花朵往往需要特殊的传粉动物与之配合，迁居他处之后很可能因为传粉动物的匮乏而无法正常繁育后代了。

鸟不搬家，谁传粉

时至今日，鹤望兰已经遍及全球，但是除了老家南非，其他地方就很少有鹤望兰结果了。这也难怪，在世界的其他角落很难找到南非织雀这个好伙伴了。有意思的是，在美国的加利福尼亚州，竟然有大片的鹤望兰结出了果实,有些结果率甚至超过了80%。

人们通过观察发现,当地的黄喉地莺(*Geothlypis trichas*)可以帮助鹤望兰传播花粉,这种小鸟完全承担了南非织雀的工作。它们在鹤望兰花朵上的行为与南非织雀如出一辙。这个发现对于植物迁地保护具有重要意义。

小小的鹤望兰,承载的却是大故事,不仅是植物与动物之间的故事,也是植物与人类之间的故事,更是植物与自然界的故事。至于这个故事如何续写,还要看人类对自然的理解程度了。

延伸阅读:什么是迁地保护

所谓迁地保护,就是人为地拓展珍稀濒危植物的生存区域。然而,在新的地方种活植物只是最基本的需求,更重要的是让它们能够自主地繁衍下去。对植物来说,找到合适的传粉动物就成为一个重要的环节。这就促使我们对相关的迁地保护地点做更精细的筛选,让迁地保护真正具有意义。

延伸阅读:鹤望兰花朵头冠的颜色

鹤望兰"头冠"模样的宿存萼片,是植物界常见的一种现象。通常来说,保护花蕾的萼片在花朵开放之后就脱落了,但是有很多花朵的花萼并不脱落,而是留在了花朵之上,最典型的就是柿子顶部那个小帽子模样的萼片。大多数宿存萼片并没有特殊的作用,但是鲜艳的鹤望兰的萼片显然有特别的意义。

宿存的萼片可以增强花序的信号特征,更有效地吸引传粉动物来为花朵服务。鹤望兰的萼片中主要含有的色素是β-胡萝卜素和β-隐黄质,正是它们的存在让鹤望兰的花朵有了明快的黄色。也正因为如此,它们对传粉动物有更强的吸引力。

延伸阅读:鹤望兰家族的成员

巨大的大鹤望兰(尼古拉鹤望兰)也是园林植物中的新宠,特别是在一些热带和亚热带园林中应用广泛。这些植物的身形高大,可以长到8米高,粗壮的茎干表明，这就是妥妥的一棵大树。只是大鹤望兰的花朵没有鹤望兰那么鲜艳，它们的花瓣和萼片是以蓝白二色作为色彩基调的。

　　大鹤望兰和旅人蕉非常相似，不仅花朵有几分相仿，植株更是相似。最简单的区分就是，两者佛焰苞的颜色不同，尼古拉鹤望兰的佛焰苞是紫黑色的。另外，旅人蕉的所有叶柄几乎都排列在一个平面上，像是用烙铁熨烫过一样平整；大鹤望兰的叶片就没有那么平整了，而是恣意生长。

大花蕙兰:
一份跨越种族的爱恋

中文名: 大花蕙兰
学名: *Cymbidium hybridum*

世界上的植物有30多万种，按说这每一种植物都是自然界亿万年生存斗争的结果，都值得我们尊重。但是不同植物的身价总会有一些差别，比如路边的狗尾草总是被剪来剪去，而身价过万的兰花则会被供养在温室之中。

前段时间，河南省的一位农民因为在自家的农田附近采了3棵蕙兰，结果被判刑3年，判罚的依据是"蕙兰是重点保护植物"。一时间，大量关于野生植物的网络评论爆发而出："判罚缺乏依据""如何界定盗采保护植物""再也不敢在山上拈花惹草了"……总之，一切跟野生植物的接触似乎都有可能越过"红线"。

可是在花卉市场，很多商家都在出售大花蕙兰。相信不少朋友都在年节时，用这种美丽的花朵来烘托节日气氛。那问题来了，交易大花蕙兰不会被判刑吗？大花蕙兰和蕙兰是不是只有花朵大小的差别呢？

国兰家族的边缘人物

要想搞清楚来龙去脉，我们还得从观赏兰花说起。兰科植物是个大家族，所有的兰科植物成员加起来已超过两万种。当然，并不是所有的兰科植物都有符合人类审美观的容貌，比如说花朵小如针鼻的鸢尾兰；也不是所有兰科植物都能在人类的花盆中生存下来，比如说山珊瑚之类的腐生兰花。

截至目前，观赏性兰科植物大致可以分为两个阵营：一个阵营是东方人喜好的以春兰、蕙兰、墨兰和建兰为核心的国兰家族，另一个阵营是以蝴蝶兰、卡特兰、文心兰和万代兰为核心的洋兰家族。

这两个家族的个性差别非常明显，国兰家族重在写意，纤细的叶片、清雅的花朵加上悠悠的香气，几乎包含了中国传统文人对于花朵的所有想象，含蓄而悠远；洋兰家族则是写实的代表，硕大的花朵、艳丽的色彩，仿佛仍然在释放工业革命时代就迸发出的激情，炽烈而奔放。

大花蕙兰恰恰是这两个阵营中的异类，明明是兰属家族的成员，却从来没有受到国人的重视，一直都生活在四大国兰的阴影之下。这是一个以碧玉兰为首的特立独行的兰属植物家族。

跨越物种的爱情结晶

虽然全世界的兰属植物加起来也只有50多种，但是它们的生活状态可是各具特色。有扎根土壤、自己进行光合作用的地生种类，比如春兰、蕙兰、建兰、墨兰这四大国兰就是典型的代表；也有完全依赖真菌朋友，像蘑菇一样生存的腐生种类，比如大根兰；还有一类是附着在石壁和树干上生活的附生兰家族，其中以碧玉兰和西藏虎头兰为代表。

虽然地生的种类，一直都占据着中国兰花市场的高端位置，但是西方的"植物猎人"并不能欣赏这些叶片奇特、花朵写意的物种；"植物猎人"倒是对那些花朵硕大的附生兰情有独钟，于是搜集了大量包括碧玉兰、独占春、大雪兰和西藏虎头兰在内的兰属物种带回了欧洲，并加以培育，最终培育出了大花蕙兰。

跨种杂交展现奇迹

说来有趣，在中国国兰的审美体系中，一直偏重于寻找自然产生的变异个体。在国兰贸易中，优秀的"下山兰"（野生

兰花）往往要比人工培育的兰花更具有价值。而在洋兰的审美体系中，一直遵循着强强联合的育种手段，把所有优秀性状通过杂交组合在一起，那才是正经事儿。

于是，在1889年的时候，英国园艺学家约翰·多米尼（John Dominy）就用碧玉兰和独占春杂交出了世界上第一种大花蕙兰（*Cymbidium* 'Eburneo-lowianum'）。在接下来的几十年中，来自东方的附生兰属植物成为欧美园艺学家的育种宝库，用兰属植物杂交而成的园艺植物都被称为大花蕙兰。

架在兰花物种之间的自然藩篱

如今，大花蕙兰的育种已经不仅仅局限在兰属植物之间，园艺学家早期甚至利用大花蕙兰和鹤顶兰杂交，培育出了鹤顶蕙兰（*Phaiocymbidium*）。这种杂交过程就类似于动物园里的狮子和老虎交配，孕育出了狮虎兽。虽然新奇，但并不是大花蕙兰的主流。

实际上，在兰花培育过程中，跨种杂交并不是一个鲜见的事情。比如，在世界兰花市场上销售火爆的蕾丽卡特兰，就是蕾丽兰和卡特兰杂交的后代。至于属内的杂交就更平常了。但是，自然界为什么鲜有这样的杂交物种呢？

要阻隔物种之间的基因交流，通常有两种方式：一种叫合子前隔离，另一种叫合子后隔离。所谓的合子后隔离，就是精子和卵子结合之后并不能产生正常的可以繁育下一代的个体，这些合子或者死亡，或者不能正常生育，最典型的就是驴和马的后代——骡子并不能再产生后代。

至于说合子前隔离，对植物来说，较常见的隔离方式有两种：第一种是一种植物的花粉无法在另一种植物的雌蕊上萌发，第二种是花粉压根儿不会被送到另一种植物的柱头之上。第一种隔离最典型的例子，就是苹果的花粉无法在梨的柱头上萌发，第二种隔离的典型代表，就是兰科植物。

这种依靠传粉媒介的隔离方式，可以说是剑走偏锋。兰花是依靠高度特化的传粉系统来达到隔离的效果。每种兰花几乎都有自己传播花粉的特殊手段，包括花朵的气味、颜色、大小、开花时间，甚至是花粉粘在同一种传粉昆虫身上的位置。比如花朵个头儿比较小的蕙兰，主要依靠蜜蜂进行传粉；而花朵个头儿明显要大很多的西藏虎头兰，则有熊蜂来为它们服务。

正是如此复杂的手段，隔绝了兰花物种之间的基因交流，也就造就了形形色色的兰花花朵。相对来说，只要兰花的合子后隔离非常薄弱，简单的人工授粉就可以突破这道防线。这也就让兰花的人工种间杂交变成了一件相对容易的事情，比如说包括碧玉兰、独占春和西藏虎头兰在内的兰属植物都是拥有40条染色体的二倍体植株，它们的杂交后代依然具有繁育能力。园艺学家也因此有了很大的操作和发挥空间。正因如此，我们今天才看到了如此丰富多彩的大花蕙兰。

看到这里，我们已经不难理解，所谓的大花蕙兰其实是人工培育的诸多物种，跟原始的蕙兰种类几乎没有什么血缘关系。

我国兰花保护的尴尬所在

长久以来，中国都是兰属植物种类最全、数量最多的资源宝库。然而，这个宝库正处于毁灭的边缘。

在兰花生意火爆的年代，很多投机商人创造了一种新的交易模式，就是不管贵贱，一个山头甚至一个地区的兰花，通通

收回来，这叫趸货。收回来的兰花，经过粗筛之后就种到苗圃里面，等待开花。如果有奇花，那就加以培育。而其余的兰花植株就悲惨了，被装到盆里便宜的卖掉的还算是幸运儿，大多数都会像烂菜叶子一样被扔掉。

另外，兰花遇到的更大问题就是栖息地的丧失，绝大多数兰花对生存环境的要求比较高。这也没办法，这些植物都是挑了别的植物地盘上的夹缝来生存，比如树干、石壁，甚至还有一些是在枯枝落叶中。按理说，这些选择是让兰花有了更强的利用环境资源的能力，但是反过来说，也让很多兰花失去了对抗环境变化的能力。

更可怕的是，一些兰科植物被贴上了神奇的药用标签，通通都被送进了煲汤罐子。特别是一些石仙桃属和石豆兰属的植物，都成了煲汤的材料。这种行为带来的破坏，甚至要高于花卉采集行为。于是，早在10多年前，就有学者呼吁尽快出台野生兰科植物的保护法律和条例，但是到目前为止，仍然没有一个明确的条例或者法律来解释兰科植物的保护地位，以及对应的处罚。法律的滞后和缺位，已经成为兰科植物保护的一大症结。

说到底，植物身价的差别完全取决于人类的审美情趣和重视程度。如何处理好兰花的保护等级和地位，其实反映了我们对可持续发展这个大问题的处理结果。还是那句话，兰花是用来赏的，不是用来"炒"的。只有把"炒"字从兰花市场中剥离，野生兰花才能获得一线生机，野生兰花的基因库才能得以保全，大花蕙兰才能越育越美。

圣诞树:
叫杉非杉的小松树

中文名: 冷杉
学名: *Abies fabri*

人是一种特别的动物，非要将一些所谓的意义附加在一些事物之上，比如象征爱情的玫瑰花，象征出淤泥而不染的荷花，象征富贵的牡丹花。当然，各种节日也少不了植物的身影，就像中国的端午节一定要有粽子一样，西方的圣诞节当然是要有一棵圣诞树了。

只是在中国，圣诞树早已没有了原始的模样，放眼望去，要么是塑料棍拼成的树杈，要么是铁丝做成的树形，更有甚者，干脆找来一个圆锥形的大纸筒，刷上绿漆缠上彩灯，就完工了。没关系，反正过圣诞节，咱们也是要吃饺子来庆祝的。

但是我们是否思考过，那些松树模样的圣诞树到底是什么树？它们为何会成为圣诞节的象征呢？

后起之秀圣诞树

其实，圣诞节庆典中使用圣诞树是晚近的事情。在《圣经》等典籍中，压根就没有关于圣诞树的描述，更不用说这种植物跟耶稣基督诞生有什么关系了。倒是在中国以及古埃及的文化中，一直有用植物装点节日的传统。

关于圣诞树最早的记载出现在公元16世纪，那已经是耶稣出生后1500年后的事情了。1570年，德国的不来梅市工业协会年册报道，怎样用一棵冷杉加上苹果、坚果、枣椰、饼干和纸花等装饰树立在工业协会的房子旁，取悦圣诞节搜集糖果的工业协会成员的孩子。

后来，人们竞相模仿，树上的挂件变成铃铛、雪花、小礼物还有彩灯了。既然是娱乐道具，也就没有诸多种类限制，因地制宜，松树、杉树都可以拿来用。选这些树木，无非是因为它们在严冬还保持着绿色（针状或者叶形以及针叶外面的蜡质帮助它们躲过冬季的寒冷和干旱的侵袭），显得生机盎然。再者，锥形的树冠有利于进行装饰，简直就是为圣诞礼物准备的架子。其实，锥形的树冠只不过是冷杉和云杉顶风冒雪顽强生存的需要而已。

称职的冷杉树

在人类历史上，被用作圣诞树的植物非常多，这也是人们就地取材的结果。后来，圣诞树的重任就落到了松科云杉属和冷杉属的一众植物身上，特别是冷杉属的植物后来居上，成为圣诞树的主力成员。

目前，欧洲主要使用的圣诞树种类包括银冷杉（*Abies alba*）、高加索冷杉（*Abies nordmanniana*）、壮丽冷杉（*Abies procera*）、挪威云杉（*Picea abies*）、塞尔维亚云杉（*Picea omorika*），以及少量的欧洲赤松（*Pinus sylvestris*）。至于说北美地区，则主要使用加拿大冷杉（*Abies balsamea*）、弗雷泽冷杉（*Abies fraseri*）、大冷杉（*Abies grandis*）、壮丽冷杉（*Abies procera*）、花旗松（*Pseudotsuga menziesii*）等植物作为圣诞树的材料。

冷杉属和云杉属的成员之所以成为圣诞树的主力，是因为它们的"固发"工作做得比较好。叶片不仅能保持青翠，还能长时间挂在枝条之上，适合做长期的摆设，甚至第二年还可以使用，只要有足够的存储空间。

目前，商业种植的圣诞树主要是冷杉属的植物（包括银冷杉和加拿大冷杉等），一方面是因为它们能保持翠绿的枝叶，另一方面也是因为这些植物的气味清新怡人，能让大家愉快地度过圣诞节。

松、杉、柏的家族标记

虽然叫冷杉，但是它们却不是杉科植物家族的成员，而是松科家族的成员。看到这里，可能有朋友会产生疑问，同样是裸子植物，松树、杉树和柏树该如何区别呢？

柏树最容易与其他两个家族区别。柏树的叶子通常是鳞片状的（少数是针状的），密密麻麻地扣在小枝条上，同时它们的球果特别像小球，而松树和杉树的球果则是塔状的。在三大家族中，柏树的气味是最强烈的，所以很少有人把柏树枝条放在家里。

松和杉的区别并不在于叶片的长短粗细，而在于它们的球果。虽然叫果，但是松和杉都没有真正的果，它们都是裸子植物，也就是说它们的种子都是裸露在外的。至于那些被大家统称为"松果"的东西，不过是种子和它们鳞片一样的包被——种鳞和苞鳞组合而成的小球罢了。

不管是松还是杉，每颗种子都有紧贴种子种鳞和外侧的苞鳞两层包被。只不过，松科植物的种鳞比较大，而杉科植物的苞鳞比较大，这就成为区别松杉类植物的特征。知道了这些特征，再不会傻傻分不清松杉，以后再也不会把冷杉和云杉称为杉树了。

天然圣诞树与塑料圣诞树

如今，圣诞树的种植和商业销售已经是一门大生意。仅仅在美国，每年圣诞节都要消耗3300万~3600万棵圣诞树，在同一时间的欧洲，需求量则高达5000万~6000万棵。如此强劲的消费需求催生了圣诞树农场，没错，就是专门以生产圣诞树为目标的林场。

早在1998年，美国的圣诞树栽培商就有15000个，大约三分之一是"现选现砍"的农场主；而在同一年，美国人在购买圣诞树这个项目上，就花费了15亿美元。通常来说，圣诞树农场会选择适合的冷杉和云杉树苗进行漫长的培育，从树苗到采伐大约需要经过6年的时间。

采伐冷杉作为圣诞树，看起来是不太环保的行为，实际上，这种行为比使用塑料圣诞树更加环保。在2013年的时候，英国研究人员就对两种类型圣诞树的生产、运输和销售过程中产生的碳排放进行过对比分析，结果发现：消费一棵天然圣诞树，平均会产生3.5千克的二氧化碳，而消费一棵同等大小的塑料圣诞树，则会产生48.3千克二氧化碳。虽然塑料圣诞树可以反复使用，但至少要重复使用12次以上，才能与天然圣诞树产生的二氧化碳持平。恐怕很少有家庭能在12年后还在使用家里的那棵古董圣诞树吧。

另外，在圣诞树的栽培过程中，利用的是大气中的二氧化碳，并且会把这些二氧化碳暂时固定在体内。从这个角度讲，使用天然圣诞树，反而是一件更环保的事情。

为生存奋斗的圣诞植物

除了圣诞树，在圣诞节还少不了槲寄生和欧洲冬青这两种植物，它们可是圣诞花环的主力。

按照西方的传统，在槲寄生的枝条下，男孩儿可以亲吻自己心仪的女孩儿，并且女孩儿不能拒绝的，这为槲寄生平添了

几分浪漫色彩。不过，现实生活中的槲寄生可不浪漫，它们是典型的寄生植物，通常会寄生在苹果树、白杨树等大树上。槲寄生把根扎进大树的维管束，依靠大树提供的水分、矿物质等营养进行生活。等到开花结果后，鸟儿吞下它们肉肉的果子，而种子混在粪便里，被带到遥远的地方，开始新的寄生旅程。

至于另一种圣诞植物——欧洲冬青倒是本分许多。它们那些寒冬还挂在枝头的红果子为圣诞节增添了几分热闹。虽然叫冬青，但是欧洲冬青的长相和我们平常所说的冬青（冬青卫矛和小叶黄杨）却不尽相同。欧洲冬青的叶子边缘的尖刺，可以让一般的食草动物退避三舍。不过欧洲冬青不是对所有的动物都苛刻，比如它们红色的果实就是为鸟儿准备的。像樱桃、枸杞、山楂等，这些小鸟喜欢啄食的野果都是鲜红色的。鸟儿吃下红果子之后，自然会帮欧洲冬青播撒种子了。

圣诞植物因节日而生，又独立于节日之外，这大概就是年节植物的魅力。当假期过去，生活重归平静的时候。一切生活都还会照旧，太阳照常照在绿叶之上，新的一年也将开始。

空气凤梨:
与土壤绝缘的"大菠萝"

中文名: 空气凤梨
学名: *Tillandsia fasciculata*

鸟在天上飞，鱼在水里游，植物扎根在土壤中，这似乎是天经地义的事情。我们从小就接受这样的教育，把种子埋在土里，浇水施肥，假以时日，种子就会变成参天大树。土壤同水和阳光一样，都是植物生长的必备元素。但是，有些植物偏偏不走寻常路，空气凤梨就是与土壤绝缘的植物。

虽然早有耳闻，但是第一次见到空气凤梨还是十分震惊，它们或者长在铁丝编制的架子之上，或者从铁架子上垂下，如同高山地区飘荡的"树胡子"，全然看不出它们是凤梨科的植物。

后来在网络上见到了更让人惊奇的图片，那些空气凤梨竟然长在电线上，有些长在椅子上，有些竟然长在不锈钢护栏的转角处。这些植物为何有如此强大的生存能力，脱离了土壤是如何获得水分和营养的？空气凤梨与凤梨又有什么关系呢？

来自美洲的空气凤梨大家族

既然叫空气凤梨，这些植物自然与凤梨脱不了干系。它们真的是凤梨科的植物，只不过与凤梨不同属而已。世界上的空气凤梨大约有200种，栽培品种则多达550种。这些铁兰属的植物的老家在中美洲和南美洲，以及美国南部和西印度群岛的热带森林。如果仔细观察的话，你就会发现，空气凤梨的植株与凤梨头顶的冠芽是有几分相似的。

从形态上讲，空气凤梨可分为硬叶类、软叶类、阔叶类和松萝类等。其中前三类通常悬空放置于架子之上，作为袖珍的无土盆栽。而松萝类则独树一帜，它们的模样根本不像凤梨，倒是与高山松树上飘荡的松萝极为相似。若是不仔细观察，就容易把这些空气凤梨误认为松萝了。之前新闻中报道的那些长在电线上的空气凤梨，就是松萝类的品种了。

实际上，凤梨科植物是个大家族，绝对不仅仅是菠萝罐头这么简单。如今，异军突起的观赏凤梨包括铁兰、水塔花、果子蔓等。而空气凤梨因为其特殊的生长模式，也逐渐脱颖而出，成为其中的明星。当然，很少有人知道，那些红艳艳的部分并非它们的花瓣，也不知道它们是菠萝的亲戚，当然更不会知道它们还有一个大名叫观赏凤梨。

做一个温柔的房客

空气凤梨的种植模式颇为特殊，放置在铁丝上或者铁架子上，让大家有种错觉：这种植物就是从空气中凭空冒出来的。

在自然环境中，空气凤梨经常会附着在其他高大的树木上，如同很多热带的凤梨科植物和兰科植物一样。它们一不小心就把一棵大树装扮成了一个空中花园。于是，很多朋友会担心，这些大树上的房客会不会抢夺大树的营养，甚至把大树破坏致死呢？其实这是多虑了。

大家的疑虑大概来自一些寄生植物，这些植物确实会通过根系侵入寄主植物的身体，就好像蚂蟥吸血一样，贪婪地享用寄主植物的水分和养料。有些寄主植物还算温柔，比如槲寄生和桑寄生。它们多数时候使用自己的叶片进行光合作用来汲取养料，只是偶尔干一些打家劫舍的勾当。但是有些寄生植物就没有那么温柔了，简直就是吸血鬼，它们完全依靠寄主植物的营养来生长和繁殖，如菟丝子、黄鳝藤等植物。还有更狠的寄生植物叫重寄生，它们生活在寄生植物桑寄生的身上，并且整个植物体几乎都简化为一朵花了。

反过来看，同样趴在大树上生长的附生植物只是一个借宿的房客而已。它们只是利用斑驳的树皮和突兀的枝桠来搭建自己的家园。它们都能安分守己地过着自己的生活，并不会把根系插进大树的茎干，更不会去抢夺大树的营养。

其实，附生植物通常出现在热带区域。因为热带区域的树木都太高大了，并且所有的植物都在争抢阳光，这就使得地面变成了一个黑暗的世界，迫使很多草本植物选择大树的身体作为自己新的家园。这样做也带来了一定好处，就是更容易被动物发现，有利于花粉和种子的传播。但问题来了，生活在高达数十米的树干之上，又不从大树中盗取营养，空气凤梨是如何坚持生活的呢？或者说空气凤梨如何才能在光滑的电线上安家落户呢？

遮阳板和雨水收集器

通常来说，我们都会觉得土壤是植物生存的重要依托，其实并不然，对植物来说，最重要的是水、空气和阳光，以及少量的矿物质营养。对空气凤梨来说，空气、阳光自然好解决，矿物质营养可以来自枯枝、落叶，甚至是大风扬起的沙尘，在生长元素中，最难解决的其实是水。那空气凤梨是如何在树杈上或者电线上收集水分的呢？答案就在空气凤梨的叶片上，这些叶片上要么自带云雾收集器，要么带着水槽。根据空气凤梨的表皮状况，大致可以分为两种类型：银叶型和绿叶形，它们各自有解决水分来源的高招。

银叶型的空气凤梨的老家通常是在一些干旱区域。它们表面覆盖着鳞片或者绒毛，当清晨云雾充足的时候，这些特殊的构造就会变身雨水收集器。虽然雾气中的水滴非常微小，但是它们在通过更微小的鳞片和纤维的时候，就会被拦截下来，聚成更大的水滴。很多朋友都有这样的感受，秋天的清晨在户外溜达一圈儿，不用很长时间，就能感觉衣服上湿漉漉的。其实，这就是水雾积存在衣服的纤维中。这种现象让人不适，却是空气凤梨生存的关键。除了收集水分，鳞片还可以帮助叶片反射一部分阳光，避免植物体被强烈的阳光灼伤。

比起银叶型的兄弟，绿叶型的空气凤梨生活的区域要湿润很多。这些地方通常会有足够的雨水，于是这类凤梨的叶片中央就变成了一个储水池子。当大雨来临的时候，这里就存满了雨水，在干旱的日子里，就靠这个袖珍的"水塘"过活。

另外，凤梨科植物的植株通常长得比较厚实，也是为了更多地储存水分，在其他植物无法涉足的地方战斗下去。

空气净化急先锋

虽然空气凤梨不会结出香甜的大菠萝，但是也有自己的贡献。除了让时下年轻人为之疯狂，还能净化我们的生存空间，特别是对大家深恶痛绝的甲醛有特别的吸收能力。

空气凤梨对于甲醛的吸收来自两个层面，一方面来自鳞片本身的吸附作用，这有点儿像活性炭的功能，把甲醛分子困在鳞片的孔洞之中；另一方面，这些困住的甲醛也可以被叶片吸收，进入代谢过程，先被转化成甲酸，然后再变成水和二氧化碳。这样一来，空气凤梨就可以"吃"下环境中的甲醛了。

不过，目前空气凤梨转化甲醛的能力仍然偏弱，研究人员正在筛选和培育优秀的品种。让这种长在电线上的植物，真正成为我们居住空间的一部分。

延伸阅读：凤梨和菠萝是一家子吗

菠萝和凤梨根本就是一种植物，属于凤梨科凤梨属，只是名字不同而已。因为菠萝头"顶上"长着一丛凤凰尾巴一样的叶子，因而得名凤梨。菠萝这个名字倒是后来才出现的，至于为何叫这个名字尚无从考证，有种说法说，这是因为它形似我国西南出产的菠萝蜜。

延伸阅读：空气凤梨能种在土里吗

当然不能。附生植物的植物体已经适应了空气环境，如果非要把它们埋入土壤的话，反而会导致病变感染，最终死亡。土并不是所有植物的必需品。空气凤梨一般要求空气相对湿度在60%以上，幼苗湿度要保持在70%～80%，勤喷不积水是养护原则。

延伸阅读：空气凤梨会结凤梨吗

种植空气凤梨会给我们一种错觉，这些家伙只会长叶子不会开花。其实，空气凤梨也会开出美丽的花朵，据说有些种类的花朵还有特殊的香气。只不过这些花朵与我们通常见到的月季、玫瑰的形态不一样。我们仔细观察一下火炬凤梨就会发现，每一个红色的"花瓣"下部都藏着一朵小小的花，那才是凤梨真正的花朵，将来也会结出种子。其实最原始的凤梨都是这个模样的。

当然，我们喜欢吃的并不是种子，而是这些小花朵膨大的花萼（菠萝四周柔软的果肉，等同于柿子上的蒂）和支撑这些花朵的花序轴（菠萝中心的那根圆圆硬硬的柱子）。我们之所以要在上面挖眼，就是要把这些孔洞中的种子去掉，否则会"刺嗓子"。如果它们干脆产生不了这种种子，那一切就更简单了，于是出现了现在的无眼菠萝。这真是懒人的福音。顺便说一下，菠萝头上的那丛叶子确实有再生为植株的能力，如果有兴趣的话，可以养养菠萝头，也许真能在两年之后吃到自己种出的菠萝。

水仙：
温柔可人却暗藏杀机

中文名：水仙

学名：*Narcissus tazetta*

据我所知，有些在我们国家大放异彩的花卉却是外来户，比如水仙。每到年节时分，我们就能在花卉市场或者街边的小摊看到一堆一堆大蒜头模样的东西，旁边插个小牌子，上面写俩大字——水仙。把这些大蒜头模样的东西买回家，清理干净，泡在浅浅的水槽中，待到新年之时，绿叶伸展，黄白两色的花朵就会华丽绽放。那时，整个屋子里似乎都弥漫着淡雅的水仙花香味儿。

虽然水仙的模样惹人怜爱，但也有捣乱的时候。我的一位好友曾经抱怨，家里的爱犬因为嘴馋咬掉了两个水仙种球，结果吐得一塌糊涂，幸亏及时送到宠物医院，这才保住爱犬一命。

这就是水仙，东西结合，温柔和凶险并存。那么水仙有哪些不为人知的身世？同样是"大蒜"，温柔可人的水仙又为什么暗藏杀机呢？

扎根中土的外来户

中国人栽培水仙的历史悠久，有据可查的历史已经有1300多年。如今，我国福建省漳州市和上海市崇明区都是重要的水仙生产基地。正因如此，很多人把水仙看成是中国本土的花卉。甚至有人认为野生的中国水仙本来就分布在我国东南沿海一带。但实际情况并非如此，这些水仙都是外来户。

说水仙是外来户，原因有两个，一是在宋代之前的典籍中并无任何关于水仙的记载和描述，大量咏叹水仙的诗词歌赋是在宋代之后才产生的；二是我国野外生长的水仙种类过于单一，并且大多数个体没有开花结果的能力，这些野生个体很可能是从栽培苗圃逸散到野外的，最新的分子生物学研究也在很大程度上证实了这种猜测的合理性。

　　国人所说的水仙，通常是指中国水仙，这种石蒜科水仙属植物是在唐朝的时候才随着丝绸之路进入中国。与此同时，水仙家族聚集的地中海区域，还有30多种野生的水仙种类在悠然享受温暖的阳光。这些水仙都是广义上的花卉水仙，因为花形美丽、花香浓郁，大多都被"请进"欧洲的花圃之内、庭院之间。

　　有学者认为，在唐代学者段公路的《北户录》中，就有对水仙的记载："孙光宪续注曰，从事江陵日，寄住蕃客穆思密尝遗水仙花数本，摘之水器中，经年不萎。"这句话大致意思是说寄居江陵（今天的湖北省荆州市）的波斯人穆思密赠送了几株水仙花给友人。如果这点还不足以说明真正的水仙花出现在中土的话，至少在李时珍的《本草纲目》中，就有对"中国水仙"最早的确切记载和描述。不管怎么说，中国人同中国水仙打交道的历史一点儿都不短。这些花朵在中国规模化种植至少有500多年的栽培历史了，并且自成一派，演化出了自己的特点。

只开花不结果的中国水仙

　　中国水仙的花朵很容易识别，主要分为金盏银台和玉玲珑两个品种。金盏银台是非常典型的中国水仙品种。直观看来就是两层花瓣颜色不一样：外层的花瓣洁白，犹如银色的台子；内层的花瓣杏黄，就像黄金做成的酒杯，金盏银台因而得名。这其实是水仙属植物花朵的基本形态，或者说这个属的花朵几乎都是这个样子的。不过，我们要注意的是，这内层的花瓣并不是真正的花瓣，而是一种副花冠的结构，真正的花冠其实只是外层的那一圈白色部分。两层花冠之间的长短对比，还有颜色差别就成了识别不同种类水仙的身份标志。

至于玉玲珑这个品种的花朵，则是花瓣加倍后的产物。就像野生的月季花通常只有5片花瓣，而市场上的月季花则花瓣层层叠叠。水仙花也有这样的现象，偶然的变异让这个品种的水仙花有了更丰满的花朵。至于究竟是原生态的金盏银台漂亮还是变异后的玉玲珑漂亮，那就仁者见仁、智者见智了。

中国水仙的花朵开得漂亮，香气也足，按理说应该能招蜂引蝶进行授粉，然而实际上，中国水仙并不结果。这并不是说蜂蝶会忽视这些花朵，问题其实出在它们自己身上，因为水仙花的染色体并不正常。

通常来说，生物体内的染色体都是成对出现的，比如人类的每个体细胞中就有23对46条染色体。在产生生殖细胞（精子和卵子）的时候，染色体会进行平均分配。在生殖细胞中，染色体数量只有正常细胞的一半。当精子和卵子结合成受精卵的时候，染色体的数量又恢复到正常体细胞中的数量。这就是一个染色体数量的轮回。但对于中国水仙来说，问题就来了，绝大多数个体有3组30条染色体，有朋友说那平分成两份，每份15条不就可以了吗？但是事情并不是这么简单，在染色体分组的时候必须首先两两配对，但是3条染色体就没办法和谐地"配对"了，这样最终产生的精子和卵子也是不正常的。所以三倍体几乎没有繁殖能力，这个原理也被应用在了无籽西瓜的生产之中。

生性好水的"大蒜头"

不能产生种子，并不妨碍中国水仙的传宗接代。中国水仙的鳞茎就是用来繁殖的。其实这种繁殖方式在植物界中并不鲜见，比如我们熟悉的大蒜就是依靠这种方式来繁殖的。每年春天，在田里种下蒜瓣，到夏天的时候就可以收获到新的大蒜头了。水仙的栽培也是这样的，选取鳞茎周边的侧球，种在旱地或者水田之中。通常来说，3年之后就可以长成可以销售的水仙种球了。

水仙，花如其名，生性好水。在希腊神话传说中，水仙花是纳喀索斯（Narcissus）的化身，这位美少年因为太自恋了，天天在水边欣赏自己的倒影，直到郁郁而终，最终变成了水仙花。能照镜子照到生命结束，这也算是真正的奇葩了。不过，反过头来说，这个传说恰恰说明了水仙花与水的亲密关系。不过，水仙的培养更多是在土壤中进行的。然而，家养的水仙，为了促使它们开花，大多把它们养在浅浅的水盆之中。同时，这样做也带来了很多小麻烦，如家中的宠物或者小朋友误食水仙引起的中毒事件屡有发生。还有人说水仙的花朵本身就是有毒的，这种说法有没有道理呢？

温柔和凶险并存

水仙看似淡雅，但是这些花朵却不好惹。因为它们的植株内都储备了包括石蒜碱和多花水仙碱在内的大量生物碱作为防身武器。误食水仙鳞茎的人或动物，会立即出现痉挛、瞳孔放大、暴泻等症状，这是因为石蒜碱可以影响人或动物神经系统的活动，对心脏有先兴奋后抑制的作用。这些效果叠加在一起，后果较为严重，如果不及时救治，误食的人或动物很可能会有生命危险。

如果说，误食水仙只是动物才会干的事儿的话。误食中国水仙的近亲黄水仙倒是在中国留学生群体中时有发生。英国超市里会出售黄水仙的花茎，把这些花茎买回家之后插在水里，用不了多久就会绽放出美丽的花朵。这件事儿看似跟中毒一点儿边都搭不上，可就是有人中毒了。因为黄水仙的花葶特别像中餐中特有的食材蒜薹（tái），也就是大蒜抽出的花葶，如果不仔细分辨，还真看不出两者的区别。蒜薹虽然辛辣，但是可以吃，黄水仙虽然温和，但却暗藏杀机。那些想念家乡味道的留学生把黄水仙花葶买回家，炒上一盘蒜薹炒鸡蛋，不曾想，这盘家乡菜差点儿要了他们的命。正是因为这类事件时有发生，英国超市开始规定，黄水仙的花葶不能放置在靠近蔬菜区的地方。每当看到这种新闻，我就颇为感叹：懂点儿植物学知识也是种生存技能呢！

除了水仙，还有一种叫秋水仙的植物。这种植物通常是在秋末冬初开放，开花的时候并无叶片，花色也多以粉红为主。要注意的是，秋水仙毒性很强，这主要取决于其中的秋水仙碱。

小小的水仙花上记载了中国花卉审美变迁的历史，也是中国利用外来种质资源的历史。他山之石，可以攻玉，当水仙的花朵绽放在华夏大地的诸多角落时，我们更能感受兼容并包才是发展之道。

延伸阅读：有的水仙为什么不开花

水仙种球要经历一段休眠期才会开花，较适宜的开花温度是12~15℃，温度过高或者过低都会影响其开花。所以栽种人宜适当采取保暖或者降温措施，以保障水仙开花。

蝴蝶兰:
土生土长的"洋气"兰花

中文名: 蝴蝶兰
学名: *Phalaenopsis aphrodite*

　　我第一次看见蝴蝶兰，还是在昆明，那是在2001年，国兰热潮刚刚兴起，一苗建兰或者墨兰，动辄就要几万元，甚至几十万元，那时的蝴蝶兰真的是低调，与那些天价兰花相比，简直就是小跟班了。另外，昆明的气候适宜花卉种植，当地人竟然不觉得蝴蝶兰有什么特殊的价值，它们被随意放在茶几之上，或是商店的柜台之上。那个时候我很难想象，在接下来的5年时间里，都要跟这类植物打交道。

　　后来，我在斯德哥尔摩的花店里又碰见了蝴蝶兰，这才发现蝴蝶兰的惊艳之处。白花如雪，红花如火，鹅黄的花朵插在它们之间，更显柔媚与娇嫩。恍惚中我有种错觉，这植物本来就是一种标准的西洋花卉。可是谁又能知道，蝴蝶兰真的是中国土生土长的兰花，不仅原种在此，就连培育的中心也在我国台湾地区，就这点而言，蝴蝶兰真的是土得不能再土了。

走出稀有花卉的专属温室

　　我第一次在野外看到华西蝴蝶兰的时候，很难将它们与花店里的蝴蝶兰建立起联系，单薄的花瓣，粉中带紫的颜色，甚至都没有绿叶的衬托（处于花期的华西蝴蝶兰通常没有叶片，只有绿色的扁平如面条的气生根），很难想象它们是商品蝴蝶兰的亲戚，也很难想象这个兰花家族成了改变世界花卉产业的"巨头"。

　　在整个兰科植物大家族中，蝴蝶兰绝对算是少数派，因为按照最新的蝴蝶兰分类标准，全球总共只有63个野生种，而我国有6个野生种，相较于全球24000种兰科植物，蝴蝶兰可以说是九牛一毛。

　　除了数量稀少，大多数蝴蝶兰都相当低调，比如华西蝴蝶兰大多会安安静静地趴在树干上，绽开的粉色花朵直径不过是3厘米，有的甚至就生长在山路旁的树枝上，像很多野生兰科植物一样，丝毫不引起人们的注意。

与华西蝴蝶兰一样，几乎所有的蝴蝶兰都在野外默默地坚守着。1750年，狂热的植物猎人来到印度尼西亚的安汶岛，在这里，德国人发现并描述了第一种蝴蝶兰，这种花瓣与蝴蝶极为相像的花卉，受到了西方园艺爱好者的赏识。直到这时，蝴蝶兰的观赏价值才被发掘出来。

在随后的100年间，栽培技术不断取得突破，用种子繁殖蝴蝶兰的技术首先获得成功，再是杂交种类的不断推出，使蝴蝶兰逐渐成为一种比较成熟的栽培花卉。而更大的飞跃出现在20世纪60年代，无菌播种和组织培养技术的成功，使得蝴蝶兰走出稀有花卉的专属温室，真正作为一种花卉产品进入寻常人家。

兰花的怪模样

今天，当我再来端详一朵蝴蝶兰的花朵时，就会不自觉地去扫描它，除了奇特的颜色和形态，还有那些暗藏的有趣信息。唇瓣和合蕊柱是它们特殊的标记——兰科植物的两大印记。

唇瓣是蝴蝶兰的一大特征，就是花朵最下端那个像张开的嘴唇一样的花瓣，三片花瓣之中，只有这个花瓣特立独行。这个小花瓣其实是传粉昆虫落脚的平台，为蝴蝶兰服务的昆虫都要从这里开始花朵探索之旅。不过，不同兰科植物的唇瓣可以说是千奇百怪的。比如兜兰的唇瓣变成了小兜子模样，眉兰的唇瓣变成了胡蜂的模样，文心兰的唇瓣变成了"舞女"的模样，它们共同的目的都是为了吸引虫子！

当然，要说唇瓣是兰科植物独有的特点未免有些牵强，因为姜科植物、凤仙花科植物也有类似的花瓣，这些花瓣也承担了"昆虫降落平台"的作用。要说兰科植物最特殊的特征，当然还是合蕊柱！合蕊柱，顾名思义就是花蕊结合而成的柱子，不过这并不是说一堆雄蕊或雌蕊合成的柱子，而是雌蕊和雄蕊组合在一起的特殊柱子，这是兰科植物独一无二的结构。通常来说，一朵完整的被子植物的花中都包含了雌蕊和雄蕊，并且这两部分是相互独立的，如果我们去看一朵百合花，就会看到六个雄蕊簇拥着中央的一个雌蕊。但是兰花就完全不是这个样子，它们的雌蕊和雄蕊完全融合在了一起。

我们仔细看一朵蝴蝶兰的花朵，就会发现一个像"鼻子"似的结构，那就是合蕊柱了。在"鼻子"的最前端有个白色的小帽子，那就是保护花药的药帽。把这个帽子轻轻剥开，就会发现小帽子下面有两团四片黄色的小颗粒，那就是花粉。但是跟一般的粉末状的花粉不一样，这些花粉是硬硬的块状，也就是花粉块。摘掉花粉块之后，我们把视线移到合蕊柱的下端，就会发现一个湿润的空腔，这就是蝴蝶兰的柱头了，也就是花粉的着陆场所。被昆虫带来的花粉块会被"塞进"这个空腔，接下来就在这里萌发，与藏在子房里的胚珠结合发育成种子。这就是兰科植物的合蕊柱孕育种子的秘密。

不过人们在观赏兰花时，很少会注意到合蕊柱的形态，大家更关心的仍旧是它们美丽的花瓣。

"杂"出来的花朵

虽说蝴蝶兰种类有限，但是它们在园艺工作者的手中变成了奇物。不仅花朵越来越大，并且颜色也越来越纯净，越来越绚丽。这要归功于园艺学家辛勤的杂交工作，让有限的蝴蝶兰原种变成了雍容华贵的国际花卉。

通常来说，不同物种间的杂交后代普遍缺乏繁殖能力，在生物世界中，这就是绝大多数相近物种之间的界限和鸿沟。比如我们熟悉的马和驴的后代——骡子，就是这样的典型例子。在植物领域，这样的情况也不少见，比如梅花和紫叶李的杂交后代——美人梅。

但是，从很久之前开始，园艺学家就发现不同兰花之间可以杂交，同一属内甚至是不同属间都不存在交配的障碍，并且它们的后代是可育的！这在生物世界里并不多见。但是在兰花世界里却是平常的事情。

与大多数兰科植物一样，蝴蝶兰有个优点，就是善于沟通和交流，不仅同属的植物可以毫无障碍地交流，甚至可以同相近属的兰科植物进行交流，比如朵力蝶兰。通过不同属之间的交流，让蝴蝶兰的颜色越来越丰富，花朵越来越多也越来越大。目前，全球仅登记在册的蝴蝶兰品种已经超过了2万！而这之中就有我们国家的巨大贡献。

20世纪90年代，因为世界花卉需求量大增，我国台湾地区特有的物种资源和环境条件优势开始显现。这里不仅是两种特有的蝴蝶兰——小兰屿蝴蝶兰（*Phalaenopsis equestris*，也被称为桃红蝴蝶兰）和蝴蝶兰（*P. aphrodite*）的原生地，同时也非常适合其他蝴蝶兰的生长。到了2000年，台湾地区蝴蝶兰花卉的年产量就已经超过2000万株！随着品种选育手段日渐成熟，台湾地区已经成为世界蝴蝶兰生产中心之一。在供给西方市场的同时，台湾地区产的蝴蝶兰也开始挺进内地市场，就这样绕了

个大圈之后，我们才通过祖国的宝岛了解到蝴蝶兰的美丽。

野生兰花的无奈

蝴蝶兰无疑是幸运的，它受到国人的广泛认可。然而国内很多其他兰科植物就没有那么幸运了。野生兰科植物的日子并不好过，随意采挖和栖息地丧失已经成为悬在兰科植物家族头顶的一柄利剑，而且这柄利剑随时都有可能坠落。

在5年的兰科植物实地研究中，我亲身感受过一些特别的兰科植物由多到少，由四处广布到"退居"于一个山头的现状。且不说从生态系统和物种多样性的角度来说，保护兰科植物有积极意义；即便是从利于人类发展的视角出发，保护这些植物也有巨大价值。因为，未来的花卉明星也许就潜藏在其中。

爱美之心人皆有之，当我们在野外看到奇花的时候，单单品味它们的美感就是一种难得的体验，至于把它们请入我们的苗圃，还是交给园艺学家来做吧。也许只有这样，我们才有更多的奇花可供观赏，我们的生活才会被装点得更为五彩缤纷！

延伸阅读：兰花有着怎样的生存策略

合蕊柱的精巧结构是为了适应动物传播花粉的需要。整块的花粉块会通过粘盘紧紧地贴合在传粉者的身上（头部、背部，甚至是鸟喙之上），使传粉者无法触及，也无法梳理掉，因此，它们被运送到柱头之上的可能性就会增加。但是反过来想，如此"打包花粉"几乎只给了花粉0或者1的选择，要么成功，要么失败，这样的做法其实更像是一场豪赌，这就是兰花的生存策略。

第四章 原野之中

鹅掌楸:
马褂穿上身的越洋兄弟

中文名: 鹅掌楸

学名: *Liriodendron chinense × tulipifera*

中国有句古话叫"打虎亲兄弟，上阵父子兵"，说的就是中国人的亲情观念。亲情能够连接起来的不仅仅是简单的称呼和客套礼仪，更重要的是连接起了一个家族、一个民族的血脉。且不说这种血脉，对于社会的走向和历史的发展具有决定性的意义，我们的家庭也是以这种血亲关系为基础的。即便天各一方，我们身上的亲情关系不但不会被隔断，反而多了更多的传奇故事。

无独有偶，在植物世界中，物种之间的亲缘关系也是让研究人员为之着迷的研究素材，因为在这些亲缘之中藏着很多记录，如板块运动这样宏大的地球故事。在庭院中静静矗立的鹅掌楸，就是这样一位故事的亲历者和讲述者。

是鹅掌楸，还是马褂木

鹅掌楸家族在植物界绝对是个小家族，它们根本无法与种类繁多的兰花家族相提并论，也无法跟蔷薇家族平起平坐，因为整个木兰科鹅掌楸属就只有两个物种。它们分别是鹅掌楸和北美鹅掌楸。

虽然经常出现在庭院之中，但是鹅掌楸一直都不是明星，因为它们的花朵不够显眼，树形也不够奇特。但是，如果稍加注意就会发现，鹅掌楸近似长方形的叶片上，像是被剪出了两个豁口，变成了像鹅掌一样的形状，鹅掌楸的名字因此而来。

但是我更喜欢它的另外一个名字——马褂木。这个名字同样是由形象而来，恰似中国人传统服饰长衫马褂中的马褂。只是到了今天，马褂早已淡出了历史舞台，长衫也早已进了博物馆，再叫马褂木，已经很难让年轻人建立起联想认识。马褂木终归是一个有历史纪念性质的名字了。

叶子能不能当身份牌

当年，在大学的植物分类课上，我和同伴就向同学展示了一片极像鹅掌楸的叶子，而那片叶子其实来自一品红。那只是一片缺失了叶尖的一品红的叶子，就形态上而言与鹅掌楸并无二致。当然，在整株植物上也就这样一片叶子，所以用一片叶子是无法认识植物的。

我经常给朋友讲一个段子：如果用叶子来认植物，那跟用头发和腿毛来认人一样困难。但是生物界唯一通行的准则就是：任何准则都有例外。

在这件事情上，确实有一些植物可以靠叶子来行走江湖。这里面非常典型的当属银杏了，其金黄色扇形叶子是其他植物都不具备的。因为，银杏是单科单属单种的植物。作为一种裸子植物，它们的叶脉也跟常见的植物不一样，独有的二叉分枝显得特立独行。更有意思的是，我的好友蒋子堃博士在对比研究了现生银杏和2亿年前的银杏化石之后，得出一个结论：这些大树在2亿年的时间里居然没有发生大的变化。也就是说，2亿年来，它们都是一副模样。

如果说银杏是典型的以不变应万变，那绝大多数被子植物就是在琢磨自己的应对策略了。比如说各种以狗尾草为首的禾草类（禾本科）植物，那叶片形态简直是一个模子刻出来的，我们完全无法根据叶子形态来分辨，只能从它们的细小花朵中寻找区别了。

著名的生物学家卡尔·林奈，开创了用花朵为植物界梳理亲戚关系的先河。实际上，在花朵出现之后，整个植物界的生存都是围绕这个核心展开了。虽然在叶片的形态上也有小修小补，甚至有猪笼草、茅膏菜这样的异类，但是绝大多数植物的叶片都像是工业化设计的结构，卵圆形、披针形、条形、剑形是其中的大宗型号。但是，花朵的差异就非常大了，且不说兰花的多变，单单是樱花家族的花朵就足以让人眼花缭乱了。这都是因为，繁殖是植物世界的头等大事儿。

美丽而古老的内敛花朵

同样是木兰科的植物，鹅掌楸的花朵是内敛的，并没有像玉兰花那样绚烂。它们只是静静地绽放，像是一个缩小版本的莲花，颇显精致，淡雅的颜色当属现在小清新的挚爱。但是这些清雅的花朵，并没有很好地完成自己的使命。在自然界中，鹅掌楸果实的结实率只有1%左右，也就是说100朵花里只有1朵能结出果子。研究人员曾经总结过失败的原因，一是开花的时间恰逢江南的梅雨季节，连绵的阴雨天气大大限制了传粉昆虫的活动。二是，作为一种原始的开花植物，它们传播花粉的效率可以用低下来形容。南京林业大学的一项研究发现，来鹅掌楸的花朵上打滚的不仅有我们熟悉的蜜蜂、熊蜂、食蚜蝇，还有各种甲虫，就连蜘蛛也来凑热闹。这样的大聚会必然会造成花粉的极大浪费，因为这些动物并没有对鹅掌楸的忠诚，它们身上的花粉有很大可能会被浪费在其他种类的花朵之上。这也是原始类型花朵必然会碰到的问题。

实际上，如果我们把时间尺度放在百万年级别的话，就会发现，这种选择未必是失败的。鹅掌楸之所以能熬过第四纪冰期存活下来，很可能跟这些特性有关。比较晚的开花时间，正是那个时候春天的起跑线；而广泛吸引昆虫的花朵，已经是那个时代最高效的系统了，相对于极端浪费花粉的风媒系统，靠昆虫来搬运花粉已经是一个划时代的创举。

然而，地球气候和大陆板块的变化，大大改变了植物的命

运。也正因如此，曾经一度占据整个北半球森林的鹅掌楸如今只能蜷缩在一些狭小的区域，曾经超过20种的鹅掌楸家族，如今只剩下两个兄弟相依为命。

其实在植物界中，有很多分别生长在地球两端的亲兄弟，如中国的水杉和莲花在大洋彼岸都有自己的亲戚。中国的莲花和美洲黄莲是一对兄弟，到今天整个莲科植物家族也只剩下这两个兄弟，而水杉和海岸红杉则是另外一对难兄难弟。只是这两个兄弟分离的时间太长了，已经形成了完全不同的生活习性。

在中国生活的水杉已经适应了东亚的季风气候——夏天湿热、冬季干冷；而北美红杉则喜欢地中海气候——夏季干热、冬季多雨。这样的适应经历，也让这对兄弟很难见面。

在这些植物身上，我们能看到的不仅仅是亲属关系，更重要的是地球演化的故事。

就在2018年，世界上最后一头雄性北白犀离开了我们，也是从那时起，它们复兴种群的希望就已经是风中残烛。这不仅仅是一个物种的悲哀，更是一个时代变迁在一个物种身上的投影。今天，我们人类的活动，大大改变了地球的地理组成。那些庞大的城市和交通道路系统，对野生动植物来说就像是平地隆起的山脉，无法逾越。如何维持基因交流就成了保护生物学的重要研究课题之一。

兄弟的情谊在自然界也是一个个美丽的故事，从鹅掌楸身上，我们还能看到怎样的精彩，还有待与它们亲密接触。

延伸阅读：东亚—北美间断分布

关于东亚和北美之间的物种分布的相似性，其实在19世纪40年代就已经被英国植物学家阿萨·格雷（Asa Gray）发现了。在随后的研究中，科学家发现越来越多的植物和动物都有类似的分布特征。这种现象被称为东亚—北美间断分布。今天，这种特殊的分布形态，已经成为重要的研究素材。深入研究将帮助我们在大的地质历史尺度上理解生物演化，甚至帮助我们揭开地球板块和气候变化等诸多谜题。

延伸阅读：鹅掌楸不能结种子的尴尬

　　同样是鹅掌楸家族的成员，鹅掌楸和北美鹅掌楸却有着不同的命运。北美鹅掌楸是北美洲的先锋树种，广泛分布在加拿大的南部和美国的东部。然而，中国的鹅掌楸却只零星分布在中国南方的一些山野之中。除了开花传粉上的障碍，鹅掌楸面临的更大问题在于，分布过于零散，它们之间缺乏有效的花粉传递和基因交流。

帝王花:
从非洲海角走出的花卉新贵

中文名: 帝王花
学名: *Protea cynaroides*

不得不说，人类是充满好奇心的动物。通常来说，我们关注的事情要么离自己很远，比如说几十亿光年外恒星对撞激荡起的引力波；要么离自己很近，比如存在于我们细胞中的DNA。至于我们身边的绿萝、吊兰和冬青，以及米饭、空气和面条，反而是少有人关注了。所谓习以为常，大概就是这个意思了。

这种情况也发生在新娘的手捧花上——传统的芍药、月季、康乃馨变成宋慧乔手中的日本铃兰。只是日本铃兰的出场机会确实比较少，而真正在婚礼手捧花中撑台面的就要数帝王花了。这种远看像牡丹、近看像莲花的硕大花卉在鲜切花领域大放异彩，成为新的主角。

我时常在想，在动物和植物的世界中，是不是也有习以为常的厌倦感？那些努力伸展花瓣的植物，那些努力吮吸花蜜的昆虫，又是如何面对身边的动物和植物的？在它们的生命中，究竟是稳定重要，还是新奇更为出彩呢？

偏居一隅的帝王花

对绝大多数中国朋友来说，帝王花仍然是陌生的花卉，因为这种植物的老家离我们实在太远了。

帝王花是山龙眼科帝王花属的成员，而山龙眼科家族成员的集中分布区在澳大利亚和非洲南部，帝王花属的植物更是偏居一隅，所有成员几乎都蜷缩在南非南部的弗洛勒尔角（Cape Floristic Region），也就难怪帝王花长期独处深闺人不识了。值得一提的是，弗洛勒尔角在2004年时被列入联合国教科文组织世界遗产名录，因为这里保存有超过9000种维管束植物，其中

有69%的物种都是这一区域独有的，作为世界遗产是实至名归。当然，包括帝王花在内的山龙眼科植物在这个区域也扮演着重要角色。

说起来，山龙眼科植物是相当古老的一个植物家族，在地球上的陆地还挤在一起构成联合古陆的时候，山龙眼科植物就已经在地球上崭露头角了。只是随着大陆分离以及后来数次冰期的影响，喜欢温暖环境的山龙眼科植物的主要生存空间被压缩到了非洲和澳大利亚的热带区域。分布在澳大利亚大陆上的山龙眼科植物又独树一帜，成为针垫花亚科。针垫花亚科植物的典型特征就是拥有比山龙眼亚科植物更明显的花蕊，特别是它们花朵上的雌蕊一根根直立起来，把整个花序变成了爆炸头。以插花身份开始流行的针垫花和以行道树出现的银桦皆是如此。

虽然对大多数朋友来说，观赏帝王花是新鲜事儿，但是对于南非的朋友来说，帝王花是再熟悉不过的花朵了。在1976年的时候，帝王花被定为南非国花。这种植物与南非的彩虹国旗一样，都是这个国家的标志和象征。

帝王花不是一朵花

看惯了欧亚大陆的花卉，我们再来看帝王花的花朵确实有一些怪异。帝王花那个直径30厘米、看似绣球一样的"花朵"其实并不是一朵花，而是一个由很多朵小花组合而成的花序。这些小花的花瓣都不是很显眼，反倒是那些花序外围的苞叶异常鲜艳，颜色从乳白到深红，炫彩变幻。

在很大程度上，这些苞叶行使了花瓣的功能，通过自身的颜色来吸引为帝王花服务的动物。其实很多植物都有类似的行为，比如在圣诞节期间绚丽绽放的大戟科植物圣诞红，就是依靠火红色的苞叶来吸引动物的注意力。这在很大程度上避免了重复"生产"花瓣带来的资源浪费，也提高了吸引传粉动物的效率，对于植物生存是大有好处的。那么，是谁在为帝王花提供传播花粉的服务呢？

传粉特征一堆堆

如果仔细观察帝王花，通过它的特征我们大致可以推断出，帝王花很可能是由嗜好花蜜的鸟类来传播花粉的。之所以能做出正确的预测，是因为花的形态与动物行为的紧密关系，简单来说，就是为植物提供服务的动物是如何来塑造植物的，生物学家把这种现象叫作传粉综合征。

传粉动物和植物之间究竟存在什么样的关系，这一直是传粉生物学研究的热点之一。不同形态的花朵吸引不同的传粉者为其传粉。精明的花朵有时会提供一些诸如花粉和花蜜之类的报酬，当然也有些花朵会提供筑巢用的蜡质，甚至是吸引异性的昆虫荷尔蒙。当然，这些工钱和诱饵大多数对应一些特定的动物。比如，想吸引鸟类就需要准备大量花蜜，想吸引食蚜蝇就需要更多花粉。想让雇工上门，做好相应的后勤是必须要做的事儿。

反过来看，不同种类的传粉者对花朵的喜好也有很大出入。比如，大多数蛾子在夜间传粉，所以更偏好白色、长花管的花朵。有花植物与传粉者的对应关系非常复杂，有些植物与其传粉者是严格的一一对应关系，而有些植物则能够同时吸引

多种昆虫为其传粉。

清除对手用火攻

除了特别的花朵，帝王花还有一种特殊的生存技能，就是依靠火灾完成重生。对大多数植物而言，火都是邪恶的，因为火焰意味着生命的终结。但是对帝王花来说，熊熊燃烧的大火正是涅槃重生的历练。在长期的演化过程中，帝王花有了适应丛林大火的生存秘笈——有些帝王花属的成员有厚厚的"防火服"，外面的火焰再猛烈，也无法伤及中心的幼芽，这样它们就能在火灾过后迅速重生；还有一些帝王花家族的成员，虽然不能从火灾中逃生，但是它们的种子却能忍受大火的炙烤，甚至只有在大火炙烤时才会释放出种子，完成生命的更新和轮回。

无独有偶，在澳大利亚的丛林中，桉树可以自身引发火灾，在消灭竞争者的同时，促使自己的种子发芽；身处地中海区域的岩蔷薇也是玩火的高手，它们叶子中的物质能在温度高于32℃时发生自燃，周边其他植物的灰烬就变成了岩蔷薇生长所需要的肥料。不得不感叹，在自然界的竞争中，智慧和残酷总是相伴而生。

这样看来，帝王花绝对不是简单的花瓶。它们的花朵不仅仅是渗透了人类的文化和认识，更是亿万年来演化智慧的结晶。如果大家再看到这种特别的花朵，不妨仔细端详一下这个大自然留给我们的遗产。

帝王花的表亲们

虽然山龙眼科的名号实在太小众，但是这个家族中的澳洲坚果可以说跟我们的生活息息相关。澳洲坚果的老家在澳大利亚，在18世纪初被德国植物学家发现之前，这些果子就已经是当地土著人的零食了，德国人也很快喜欢上了这种小坚果。到了19世纪末，澳洲坚果被带到夏威夷，在那里生根发芽。由于夏威夷是世界上澳洲坚果的高产地之一，所以这个果子有了另外一个名字——夏威夷果。

延伸阅读：关于传粉者

在不同区域，鸟类的活动行为也对花朵的形态有着极大的影响。比如在南美洲，鸟类传粉的花朵（如倒挂金钟）通常是悬垂开放的，因为当地生存的蜂鸟可以像直升机一样悬停，同时吸取花蜜。但是在非洲，就很少见到如此形态的花朵，因为当地提供传粉服务的鸟类是太阳鸟，这些鸟类并没有悬停技能，所以像帝王花这样的植物就会正常向上开放，甚至还会为太阳鸟提供落脚的平台。这就是传粉者和花朵之间良好配合的关系。

延伸阅读：南非为何出奇花

其实，我们身边很多耳熟能详的花卉都来自南非，比如，大名鼎鼎的君子兰和树马齿苋是南非土生土长的物种。南非能孕育出如此特别的花卉，与那里独特的地理气候条件密不可分。那里有类似中国云南的巨大海拔落差，为不同植物提供了丰富的栖息地。与此同时，在那里生活的动物又进一步筛选和塑造了当地的花朵。

报春花:
春天的信使

中文名: 报春花

学名: *Primula malacoides*

相对于动物，植物对气候环境的反应要明显许多。因为植物并没有可以移动的器官，更不用说穿衣戴帽了，开花落叶，应时而动就成了植物的必备生存技能。这样一来，节气与植物的花朵紧密地捆绑在了一起，冬梅、春兰、夏荷、秋菊让四季的循环有了别样的景观表现。

植物总是会更听从内心的感受，展示季节的真实变换。每年5月，北京已经是初夏时节，四川、云南的高山上才刚进入初春，地面上薄薄的冰碴子，就像冬天恋恋不舍的足迹。在冰雪之上，灿烂的花朵正在盛开。其中，有很多花似繁星、叶片像菠菜的花朵，它们就是报春花了。报春花的开放，标志着春天终于走上了山脊。一年一度的生命盛会又开始了。

为春天而生的家族

报春花因春天而生，也为春天而生，它们的拉丁名"*Primula*"也是最早开放的意思。报春花属是一个由500个兄弟姐妹组成的大家族，几乎遍布整个北半球，就连印度尼西亚和新几内亚的高山地区也有报春花的身影。只不过，报春花家族分布有疏有密，整个家族中有3/5的种类都生活在中国，这里是当之无愧的报春花分布中心。

问题来了，如此庞大的家族，如此广的分布，为什么报春花在我们生活中却是默默无闻的呢？那是因为报春花贪图冷凉的环境。通常来说，它们只喜欢10~25℃的生活环境，日头不能太大，水分不能太少，土壤不能太贫瘠。把这些要素通通结合起来，报春花的理想家园就只能圈定在云贵高原和青藏高原的高山之上了。再加上报春花的花芽必须在冷凉的环境下才可以分化

155

形成，所以，长久以来报春花都不是人类花园中的常客。

当春天的脚步从平原延伸到高山的时候，才是报春花展示靓丽外表的时间。走在报春花的花丛中，还真有点"山寺桃花始盛开"的意境。如此美丽的花朵，还是会受到人们的关注，再难也要把它们变成装点生活的花卉。

墙内开花墙外香

有学者认为，从唐朝开始，中国人就开始欣赏和栽培报春花了。但是囿于记载中语焉不详，所以这种观点一直没有得到学术界的广泛认可。但是毫无疑问的是，从明清时，在云南、贵州等地，已经有居民采集栽培报春花了。不过，报春花毕竟是山花野菜，再加上孤僻的生活习性，在很长时间里并没能登上大雅之堂。真正栽培报春花，是20世纪30年代之后的事情了。

在欧洲，报春花的栽植历史已经有数百年。1820年前后，英国的传教士把我国的藏报春从广州引入英国，这些藏报春于次年开花，引起极大轰动。从此以后，欧美等国不断派人来我国采集报春花属植物的种子和标本。在后来植物猎人的历次探寻中，橘红灯台报春、霞红灯台报春、橙红灯台报春、高穗花报春、丽江报春等品种相继被引入欧洲。仅英国由我国引入栽培的种类曾多达110余种，其中不少已广泛栽培于欧美各国的庭院。这些报春花的引入对以后欧美等国培育美丽的报春花品种做出了重大贡献。

但是，园艺学家的烦恼也接踵而至。在做人工授粉的时候，有些报春花总是不会结出种子，或者结出的种子不会发芽。个中的秘密随着对报春花研究的深入被揭开。

为了后代的"三长两短"

报春花的花朵就像一个个有花边的小喇叭,我们把这种管状的花朵结构叫"花冠管"。如果剥开一朵报春花的花冠管,你就会发现里面藏着的雌蕊和雄蕊。并且雌蕊和雄蕊的长度不一样。更有意思的是,有的花朵中雌蕊高于雄蕊(为了方便介绍,我们把它叫作雌长),有的花朵中雄蕊高于雌蕊(我们把它叫作雄长)。这样的差别绝对不是偶然发生的,而是大自然精巧的设计,这一切都是为了避免自花授粉,增强基因交流以得到更为强壮的后代。达尔文在《物种起源》一书中详细阐述了有性生殖和异交为生物带来的诸多好处,甚至提出"自然界是厌恶自交的"。报春花亦是如此。

不同植株的雌蕊和雄蕊的长度设置,就能决定未来花粉和胚珠的配对模式。那些"雄长"个体把释放花粉的雄蕊伸到花冠管边缘,同时把接收花粉的柱头藏在花瓣内。当熊蜂之类的传粉者在花朵上吸取花蜜时,只有头部会碰到雌蕊,胸部沾上了花粉。当这只熊蜂继续在"雄长"花朵上活动的时候,携带花粉的部位是很难接触到柱头的。等待这些花粉的是"雌长"的个体,那些伸出花冠管柱头接触熊蜂身体的位置,恰恰与"雄长"个体抹花粉的位置相匹配。与之对应的,那些"雌长"个体的花粉,也只会传递给"雄长"的花朵。这样一来,花粉就在两种类型的花朵间进行交流了。空间位置的差异保证自家的花粉不会进入自家的"洞房"了。

防意外的双保险

再精巧的准备,也不能避免意外发生。花朵的花粉保不

齐，还是会掉落到自己的柱头上，那不又是自花授粉了吗？不要着急，报春花早就"想到"了这个问题的解决方案。

方案一，延缓自花花粉的萌发速度。也就是说，虽然一朵花的花粉落在自己花朵的柱头上之后也可以萌发形成花粉管，但是它们的花粉管奔向胚珠的速度（60小时）要远远低于外来的花粉（48小时）。在自花花粉管吭哧吭哧跑到胚珠的时候，发现异花花粉的精子早就与胚珠亲密结合了。就算这个方案出现了纰漏那也不要紧，还有方案二。

方案二，强制叫停近亲结合。也就是说，即便有近亲结合的漏网之鱼，产生的种子也没有生存表演的机会。中国科学院昆明植物研究所在实验中发现，同样种类的报春花在自然生境下得到种子，萌发率可以达到70%~80%，而在植物园中的种子的萌发率几乎为零。这就是强制叫停近亲结合的结果。

正是这种严格的异花授粉策略保证了报春花家族的遗传多样性。

走下高山的花卉家族

把报春花家族请下山可一点儿也不简单，这是因为它们已经适应了强光照、低温等环境，如果你直接把它们请进光照、水分条件都很优越的苗圃，它们反而会不适应。特别是平原地区的高温环境，让这些贪图冷凉的植物无处可逃。

园艺学家并没有因此放弃，把高山花卉请下山的工作一直在进行，在海拔居中的地方设置栽培驯化基地，让高山植物逐步适应新的环境，最后就有可能走下高山，进入低海拔地区的苗圃了。当然，科学家也正在破译高山花卉的基因密码，到时候，我们就能让更多的高山花卉进入花园了。

欧报春是近年来特别火的一种观赏植物，叶子长得像小白菜，而紧紧靠近叶子开放的花朵，比一般的报春花品种更大更丰满。

春天是百花盛开的季节，也是植物展现生存智慧的季节，不妨去户外走一走，感受一下这些绿色生灵的智慧。也许会带给大家不一样的生活感悟。

延伸阅读：那些与春天捆绑的花朵兄弟

到了春天，自然少不了迎春花和连翘的身影。据说很多人对迎春花和连翘分不清，这个我表示不理解。两者的花朵确实有相像的地方，比如都是鹅黄色的花瓣，都是一丛丛的小灌木。不过，它们的花朵很容易区分，教大家一个更简单的区分方法，看枝条的颜色：迎春花的枝条是绿色的，连翘的则是土黄色的。

春天，紫花地丁和早开堇菜两兄弟也先后绽放了自己的花朵。单单看花朵，完全无法区分这两种植物，它们都有小猫脸纹路的蓝紫色花朵，花背面有个小小的管子（距），那是存花蜜用的"罐子"，只是这"罐子"的容量实在有点儿小，可以想象每只蜜蜂要采好多的花朵，才够我们的一口蜂蜜啊。要想区分这两兄弟还得从叶子上入手。早开堇菜的叶子是卵圆形的，紫花地丁的叶子则是长条形的，这是区分早开堇菜和紫花地丁的特征。

石斛:
餐盘里的舞者

中文名: 石斛

学名: *Dendrobium nobile*

花朵都有靓丽的身姿和充满魅力的外表，但是不同花朵的个性也是不容忽视的。比如，梅花总是静静地开放，送出阵阵暗香；月季则是温柔地展现自己的热情，把绿篱变成花墙；至于昙花，就只是在月光下孤芳自赏了。这些花朵更适合中国人内敛的性格。但是，对西方人的审美来说，热烈的石斛才是他们的选择。

第一次在野外看到石斛，我就被它们的美艳征服了。那是在广西喀斯特森林中的一株硕大的流苏石斛，数十朵小花组成的花序，就像喀斯特石山中的一团金色的火焰，从很远的地方就能发现它们的光芒。然而石斛的个性远不止于此。

不知从什么时候开始，石斛不仅仅在花瓶里占有一席之地，甚至把势力范围拓展到了餐桌之上。在冷盘菜肴中，通常会有一朵紫红色的"蝴蝶"模样的花朵在撑场子，这朵花也是石斛。再后来，听说石斛可以吃，并且还是很高档的食材。一时间有些恍惚，石斛究竟是什么植物，它们到底是用来看的还是用来吃的？

伴树而生的兰花家族

在拥有2万多个物种的兰科植物大家庭中，石斛绝对算得上大家族，该属1000多个种类，它们的身影几乎遍布整个亚洲的热带和亚热带森林，以及太平洋岛屿上。虽然石斛没有浓郁的香气，但也不难被发现。在林子里，那些或紫、或黄、或红的花朵显得异常醒目，这都是为了吸引昆虫帮它们传播花粉的招牌，就像我之前看到的那些流苏石斛一样。为了将这些广告牌的招揽效应发挥到极致，它们往往附生在空间比较通透的大树主干和枝杈上，这里可比乱糟糟的地面强得多。不经意间，石斛在雨林中营

造出炫丽的空中花园奇观。

不过，相对于它们的花朵，石斛长长的假鳞茎倒是更有特点。石斛属的拉丁学名*Dendrobium*的含义就是生长在树上的植物。为了在树干上求得生路，石斛有了与此对应的假鳞茎。在相对干旱的季节里，石斛假鳞茎中所含的水分可以帮石斛度过艰难时期。

虽然石斛拥有美丽和坚韧的双重优良品格，但是在中国，因为中国的石斛种植资源略微单薄，更重要的是，这些花朵似乎并不符合中国人的审美情趣，相对于那些散发着幽香，叶片隽秀的国兰，石斛那一根根棒子一样的假鳞茎，真的无法进入中国文人的慧眼，更不用说那些大黄大紫的色彩了。于是，在漫长的中华花卉历史中，石斛终究没有占到一席之地，最多也就是从山野采来搁置于庭院间看个热闹而已。

假鳞茎中的健康成分

其实，我国的石斛很早就被人们注意到了，关于石斛的最早记载出现在1500年前。不过，大多数石斛并没有被送进花园苗圃，而是被放入药铺。实际上，以铁皮石斛为代表的药用石斛在我国已经有很长的历史，在《神农本草经》和《本草纲目》中都有对石斛药用的记载，被认为具有益胃生津、滋阴清热、止咳润肺的功效。近年来，市面上掀起了一股铁皮石斛的热潮，风传之下几乎变身成包治百病的仙药，干制的铁皮石斛售价已经堪比黄金。那么，铁皮石斛究竟有没有神奇的效果呢？

可以肯定的是，这世界上没有一种神奇的食物，可以解决人类所有的健康问题，也没有一种食物能把某种疾病立马治愈。毫无疑问，铁皮石斛也并不是一种神药。但是这种石斛确实对人体健康有一定的好处。

如果把石斛磨碎榨汁，就会得到黏稠的汁液，这样的黏稠感并不是来自网上传言的植物胶原蛋白，而是来自一种叫多糖的物质。近年来，有研究表明：石斛多糖有利于调动免疫系统，有些石斛的提取物对于抑制肿瘤生长，提高胃肠道功能有一定的贡献。另外，石斛中的菲类和联苄类物质对于肿瘤细胞也有一定的作用。石斛的药用价值究竟有多大仍有待研究，我们姑且把它们当作一种健康食物就好了。

毫无疑问的是，石斛已经成为餐桌上的明星，至少在为餐盘增色方面，可以说是无出其右。

餐盘中绽放的色彩

很多颜色靓丽的石斛种类可以直接培养成商品，如此美丽的花朵自然不会被西方的园艺师放过，通过不断杂交、改良培育出的花朵已经成为成熟的商业鲜切花品种。如今，我们经常可以在花篮之上，或者高档餐厅的菜肴之旁，看到美丽的杂交石斛。从西方引入的杂交品种，占据了花卉石斛的市场。

在用作切花的石斛中，秋石斛家族的蝴蝶石斛是个明星。这种原产于巴布亚新几内亚和澳大利亚的石斛以及它的杂交后代，已经成为石斛切花的顶梁柱。至于说餐盘中的那朵装饰花朵，多半是秋石斛了。

美丽的花朵是骗子

石斛家族美丽的花朵，最初可不是为了迎合人类的需求而

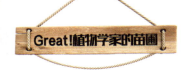

生的。它们承担着繁育后代的重任。流苏石斛就有一种糖果的香气，但是气味并不是石斛家族的强项，它们主要通过靓丽的色彩吸引昆虫。通常来说，这些气味和颜色都是花蜜的信号，可是那些兴冲冲地来到石斛花朵上的虫子发现，等待它们的竟然是一场骗局。这里既没有可以吮吸的花蜜，也没有可以大嚼的花粉，只有粘到背上就甩不掉的花粉块。当这些可怜的昆虫再去造访另一朵石斛花朵的时候，就为花朵传递了花粉。

有些石斛觉得这种假扮食物的欺骗模式还不是太保险，干脆放出一个大招，模仿昆虫的语言。华石斛（*Dendrobium sinense*）会释放出类似于蜜蜂的报警信息素的物质，通常这种物质是蜜蜂用于标记领地的，但是在胡蜂"鼻子"里，这就是招引它们去抢劫蜂巢的信号。于是胡蜂会猛扑向华石斛的花朵，然而华石斛的花朵上面并没胡蜂的猎物，被骗之后的胡蜂只能乖乖地给华石斛传播花粉了。

有人说，这花朵实在是太不厚道了。但是要知道在自然界，每一种资源都是宝贵的，拿生产花蜜的能量去生产更多的种子，这就是石斛的生存智慧。

福之祸所依

如今，我们对石斛的认识正越来越深入，但是很多研究也陷入了困境。原因就在于，滥采滥挖和栖息地破坏已经让石斛家族遭受了灭顶之灾。人们对石斛的欲望进入爆发状态，靓丽的花朵和那些有潜在保健价值的假鳞茎都成了人们追捧的对象。市场上的石斛需求量，从20世纪60年代的年均70吨，上升到20世纪80年代的600吨，再到目前的年均1000吨，并且这个数字还在不断刷新。石斛假鳞茎的价格也在不断攀升，每克铁皮石斛干品的售价可达10元以上，堪称植物黄金了。

因为身价暴涨，野生石斛的日子越来越难过，不光是铁皮石斛、霍山石斛等传统药用的种类，就连一些与药用不相干的石斛种类也通通被采挖。石斛在自然生境中的生长速度非常缓慢，即便是好年景，生长速度也只能以厘米来计。如今，在野外已经很难找到1米以上鳞茎的石斛了。很多地区的老乡介绍，就在10年前，长度超过成人身高的石斛都不是什么稀罕物，可如今已经很难找到了。

还好，包括铁皮石斛在内的多种石斛的组织培养工作已经有了突破性的进展。此外，石斛的仿野生栽培技术也日渐成熟。石斛成为一种作物的日子已经近在眼前。

从默默无闻的野花到保健良品，从花园中的过客到餐盘中的舞者，石斛的多变角色折射出人类文明的发展和变化，在追求美和健康的道路上，石斛将与你我一路同行。

虞美人:
红与黑的诱惑

中文名: 虞美人
学名: *Papaver rhoeas*

人类是一种很奇特的动物，不仅自己有感情，还会把这些情感加到身边的植物身上。比如，梅、兰、竹、菊四种植物就被文人赋予了傲、幽、坚、淡的君子气节；再比如，火红的玫瑰同炽烈的爱情交织在一起；而粉色的康乃馨则是表达了对母亲的浓浓爱意。与之相对应的，像天仙子之类的茄科植物就成了邪恶的化身，而水晶兰则跟死亡挂在了一起。

值得注意的是，还有很多植物有着亦正亦邪的身份，它们虽然出身毒物世家，但是又有着正派的纪念性身份，虞美人就是这样的花朵。火红的花瓣让虞美人显得分外娇艳，但就是这种醒目的花瓣，经常会给种花人带来麻烦。这是为什么呢？

我经常会看到这样的新闻，某小区中阿婆种了一小片花草，结果红艳艳的花朵引来了警方的严格调查。调查后发现，其实是虞美人被误认为是罂粟，我国法律明确规定，私自种植罂粟是违法的。虞美人的问题就在于，它们的花朵长得太像罂粟了。那么，我们该如何区分虞美人和罂粟呢？虞美人的身体中，就没有让人成瘾的毒品成分吗？

虞美人和罂粟是亲兄弟

虞美人的美丽，从它的别名中可见一斑：丽春花、赛牡丹、满园春、仙女蒿、虞美人草、蝴蝶满春……这每一种名字都充满了诗情画意，虞美人也确实衬得上这些美丽的名字。这种原产于欧洲和北非的罂粟科罂粟属的植物，有着炽烈如火的花瓣，让它在一众庭院植物中显得分外夺目；再加上一个犹如盖了盖子的鸡蛋模样的别致果实，这一切都让虞美人有了自己的身份象征。

最初的虞美人并不是人类喜欢的植物，它们通常混在小麦田和

燕麦田之中，是一种不容易被清除的杂草。虞美人几乎拥有所有杂草的生存绝技，它在农作物开花结果之前就完成了开花结果，如过江之鲫一样挤在果实中的小种子，还可以在土壤中长期休眠；而且它的植株非常强壮，一般的除草方法都无法对付，这让虞美人成了农田中的"恶霸无赖"，着实让农夫们头痛。

在人类生活富足之后，这些让人头痛的特点就变成了优点。虞美人成为很多花园里的"当家花旦"，艳丽的花朵还让它成为丹麦的国花。在第一次世界大战的西线战役中，虞美人曾经在双方的堑壕阵地之间绚丽绽放，就像双方战士的鲜血。后来，在第一次世界大战纪念日，英国民众都会佩戴虞美人的花朵，以纪念当年浴血奋战的将士们。

人们现今已知的罂粟属植物，全球有100多种，虞美人是其中之一。作为罂粟家族众多兄弟姐妹中的一个，这并不妨碍虞美人展示自己特立独行的形象——在枝条上伸展的羽毛般的叶片，如丝绒般的火红色花瓣。当初人类亲近这种植物，也许就是受到了这些妖艳炽烈的花瓣的勾引。

不管怎样，人类同罂粟接触的历史，几乎同人类自身的历史一样长。在已经灭绝的尼安德特人的生活遗迹上，人们发现过罂粟的痕迹。3000多年前，两河流域的苏美尔人，已经懂得在一天的劳作之后，煮上一壶罂粟茶，让一天的疲惫溶化在茶汤之中，罂粟被他们称为"欢乐草"。不久之后，亚述人发现，只要将没有成熟的果实轻轻切开，白色的乳汁就会从切口处涌出，乳汁干燥之后就成了效力强劲的黑色鸦片。

鸦片的魔力与邪恶

大概在20年前，我曾见过一次真正的鸦片。那时，姥爷的偏头痛久治不愈，姥姥不知从哪里搞来一粒豌豆大小的黑球。每次抠下小小的一块放在酒里，让姥爷喝下。之后，姥姥把小黑球放在我们难以触及的橱柜里面。现在想想，那小黑球大概就是生鸦片了。也许是药量太少，抑或是鸦片的纯度问题，姥爷的头痛并不见好。

在17世纪60年代，鸦片仍然是个包着糖衣的黑心炸弹。医生是这样看待鸦片酒的："神奇的鸦片竟可抚慰灵魂；鸦片不是药，却可以防治百病。"当时的医生认为，鸦片可以镇痛、解热，治疗腹泻、吐血、呼吸困难……简直就是灵丹妙药。后来甚至出现了标准的鸦片酒配方：在0.5升雪利酒中放入2盎司鸦片、1盎司藏红花，加上少许的肉桂和丁香。这种鸦片酒一度成为药房中的重要之物。

而鸦片影响不仅止于此，在当时的文艺界甚至掀起了靠鸦片找灵感的热潮。据说，狄更斯、拜伦、雪莱等文学大家，都将鸦片当作写作时的兴奋剂。柯林斯在写作之前，要喝掉一大勺鸦片酒。鸦片的刺激，激发出了另类的文学作品，甚至催生了"浪漫派"文学。为文学创作成瘾，这是多么浪漫的理由啊。很快，鸦片成了人类的娱乐工具。在1880年的伦敦烟馆里，到处是吸鸦片烟的客人，因为这种消遣甚至比喝劣质的威士忌还便宜。

当然，鸦片带来的并不总是欢乐，那场因鸦片而发动的鸦片战争，仅仅是罂粟展示黑暗面的开始。很快，就有人发现，对鸦片产生的依赖是持久的，甚至是邪恶的。长期或过量使用鸦片，会造成依赖性；作为毒品吸食，会对人体产生难以挽回的损害，甚至造成死亡。长期使用鸦片后突然停止，会引起强烈的戒断症状——烦躁不安、流泪、流汗、流鼻涕、易怒、发抖、打冷战、厌食、便秘、腹泻、身体蜷曲、抽筋等。过量

使用，还可能造成急性中毒，症状包括昏迷、呼吸抑制、低血压、瞳孔变小，严重的呼吸抑制能致人死亡。至此，鸦片的危害完全暴露了出来。

为了剪断这种依赖关系，德国科学家赛特纳（Serturner）分离出了纯粹的镇痛成分——吗啡。谁知道，这种成分也会让人成瘾，那些在战场上被吗啡救活的重伤员，在战后几乎都患上吗啡依赖症。这样的成瘾，算得上是悲剧中的悲剧。为了克服吗啡的这种弊病，德国科学家又对吗啡的分子结构进行了改造，结果造出举世闻名的海洛因。至此，罂粟的黑色一面展露无遗。

至于虞美人，它并不含阿片类成分（阿片类物质是从罂粟中提取的生物碱及体内外的衍生物），但其中含有的各种生物碱却也一点儿不含糊，所以我们赏赏花就可以了，还是不要与这些美丽的花朵亲密接触了。

花园里的罂粟花

我们通常见到的罂粟科植物有罂粟、虞美人、冰岛罂粟（野罂粟）、鬼罂粟和黑环罂粟。其实，产鸦片的只有罂粟一种，其他植物都是比较善良的。可是，这些植物的花朵太像了，以至于我们会认错，甚至指鹿为马。但是只要抓住要点，还是很容易区分这几种植物的。

首先，我们先来看植株是带毛还是带白粉的。带白粉的就只有罂粟，其他几个种类都是带毛的，特别是花葶上很容易看到毛。罂粟不管花朵如何变，它全身光滑（偶有一些刚毛，但很不明显）、披着白粉的样子是不会变的。

其次，看叶子是不是基生的（即叶子几乎都趴在地上，而

170

不是长在茎秆之上）。叶子基生的是冰岛罂粟。冰岛罂粟非常美丽，有各种颜色。它的叶子只生长在植株基部，简单地说，就是没有带叶子的、立起来的茎秆。并且，它的花葶上是带毛的。好了，现在还剩下虞美人、鬼罂粟和黑环罂粟。

再次，开始讨论植物的长相。鬼罂粟的植株比较粗壮，花朵也大得多，不像虞美人和黑环罂粟那么纤细，以此特点，能够将它区分出来。鬼罂粟除了花很大，叶子（羽状）很大，茎秆很壮，它的叶子边缘还满是刚毛，看起来就像是要扎手的样子。

最后，只剩下虞美人和黑环罂粟。这两者的差别在于，前者的果实上没毛，而后者的果实上有毛。虞美人要比鬼罂粟纤细很多，它的叶子边缘没有鬼罂粟那样的刺毛；花葶上有刺；子房上是光滑的，没有特别的刺毛。黑环罂粟的子房和果实上是有毛的；另外，它的花瓣基部有一圈黑环也特别显眼。

延伸阅读: 罂粟种子能吃吗

我们并不知道, 人类是不是一开始就是冲着鸦片去接近罂粟的。但是, 罂粟可以提供的远不止这些, 它们的种子里面有丰富的油脂, 据说在一粒饱满的罂粟种子中, 挤满了占总重量50%的油脂。不过, 提供食用油并不是罂粟的强项, 毕竟其种子的总量太小了。在汉代时, 餐桌上的主力油料作物就已经是芝麻了。在此之后, 罂粟籽也没能东山再起。不过, 最近市面上流行的御米油, 就是罂粟籽经灭活后榨成的油。

王莲:
自然和文化交织的传奇

中文名: 王莲

学名: *Victoria regia*

有些植物生来就是传奇，比如个头儿高达百米的美洲红杉、树龄长达六千年的狐尾松；而有些植物生来就有人愿意亲近，比如一触即合的含羞草、让酸柠檬秒变甜柑橘的神秘果；还有些植物两者兼具，既有传奇的身世，又有引人入迷的资本，而王莲就是这种神奇的植物。

当我还是个懵懂学童时，就对王莲充满了向往。我从科学杂志的只言片语中得知，这种植物的叶子非常大，并且可以承载一名3岁的孩子漂浮在水面之上。当时我的第一反应是："唉，我超龄了！"

我第一次见到这种叶子巨大的水生植物，是在中国科学院植物研究所的温室之中。硕大的圆形叶片漂浮在水池之中，只是没有踩上去的机会。后来在中国科学院西双版纳热带植物园，我终于有了踩王莲的机会，但是却不忍下脚了。看着旁边宣传页的图片——坐在王莲上的孩子露出灿烂的笑容，只恨自己小时候没能有这样的机会。

那么，王莲的叶子为何有如此大的承载能力，这些神秘的花朵又是从何而来呢？我们需要从王莲的拉丁学名开始说起。

美洲野草变身女王之花

全世界的王莲仅有两种，也就是同属睡莲科王莲属的亚马逊王莲和克鲁兹王莲。王莲的拉丁文属名是*Victoria*（维多利亚），与英国女王同名。这并非巧合，王莲发现的时代，正是维多利亚的辉煌时代，也是英国植物猎人在全世界搜集奇花异草的黄金年代。

美洲大陆（"新大陆"）是一个盛产奇异植物的地方，这里的植物与旧大陆（与"新大陆"相对，包括欧洲、亚洲和非洲）的植物

完全不一样，比如茄科在欧亚大陆就是毒物的象征，但是美洲偏偏就有茄科的土豆、辣椒、西红柿；欧亚大陆的豆类果实大多挂在枝头之上，而美洲偏偏有埋在土里的花生，更不用说木薯、番木瓜这些植物了。独特的生存环境和长时间的隔离，让美洲大陆产生了众多与欧亚大陆迥然不同的物种。王莲就是其中之一。

1837年，德国探险家和博物学家罗伯特·赫尔曼·尚伯克在英属圭亚纳最早发现了亚马逊王莲。巨大的王莲让探险家震惊了，在当时的八卦消息中，王莲成为一种花朵周长一英尺（约30.5厘米）、叶片每小时长大一英寸（约2.5厘米）的神奇植物。加上这个区域是英国在南美洲的第一块殖民地，于是，巨大的花朵、新开拓的殖民地，这些身份交织在一起，自然而然地让王莲也多了几分神秘色彩，同时也与当时大英帝国的实力紧紧捆绑在了一起。

英国植物学家约翰·林德利（John Lindley）经过鉴定，将王莲定为睡莲科王莲属（*Victoria* Lindl.），并且以维多利亚女王的名字为这种植物命名。至此，亚马逊王莲的声名远播海内外。很快，让王莲开花成了一场让英国园艺学家为之狂热的竞赛，也成为不同家族的角斗场。为此，各路人马不断尝试从亚马逊流域运回各种王莲的植物体。从1844年至1848年，园艺学家多次努力都以失败告终了。不要说使王莲开花了，就连在英国得到活的王莲植株都是一件非常困难的事情。

直到1849年，园艺学家才发现了症结所在——王莲的种子不能离开水。一旦离水干燥，王莲的种子就会死亡。1849年2月，保存在清水中的王莲种子顺利抵达英国。3月，英国皇家植物园得到了6棵植株，到夏天的时候，植株数量增加到了15棵。当年11月，亚马逊王莲终于在英国皇家植物园林——邱园第一次绽放了花朵。有了这种特殊植物，邱园的游客量猛增，大多是慕名而来。

说到这里，可能有朋友会有疑问，不是说莲花的种子千年之后还能萌发吗？怎么王莲的种子都撑不过一个月呢？

睡莲家族的巨人

王莲的种子之所以没有莲子的种子那样强悍的忍耐力，是因为王莲和莲花压根儿不是"一家人"。

实际上，就在没多少年前，莲还被放在睡莲科里。这些外形相像的植物，理所当然地被大家认为是一家子，这不过如同鱼和鲸鱼相似的假象一样而已。

随着分类学特别是分子生物学手段的应用，大家总算看出来，睡莲和莲根本就不是直系亲属。真实的情况是这样的：睡莲型的被子植物是最早出现的，因而有了一个名字叫基被子植物基部类群；而莲则属于真双子叶植物的基部类群。如果你对这些艰深的概念不感兴趣，只要记住莲比睡莲稍显高端就可以了。

其实，莲科植物和睡莲植物的区别是很明显的。莲的叶子总会高出水面，而睡莲的叶子总是趴在水面上。我们总可以看到莲花凋谢之后露出水面的莲蓬，但是从来没有见过睡莲的莲蓬，这是因为睡莲科的果子是在水面之下成长起来的。

成熟的莲蓬会带着种子飘荡，随波逐流传播种子。而王莲的种子就没有这种"班车"待遇了。王莲的带刺果实会在水下慢慢成熟，等到种子完全成熟，王莲的果皮就会慢慢腐烂，释放出其中的种子。

王莲的每粒种子外面都包裹着一个半透明的、乳白色胶囊状的外种皮，这个结构可以使其带着王莲的种子漂浮在水中，随

水流去旅行。如此特别的生长和传播方式，让王莲的种子离不开水。也正是这个小问题，困扰了英国园艺学家很长时间。

两开两合的花朵

王莲的叶子过于特别，以至于很少有人会注意到它们的花朵。这些个头儿最大的睡莲科的花朵也有自己的精彩故事……

对于普通睡莲来说，开花之后每天都在开开合合，光线变强的时候花朵就会打开，光线变暗的时候花朵就会闭合，直到花期结束。同属睡莲科的王莲也是如此，只是在整个花期，花朵只会两开两合，而这种开合其实是为了更好地传宗接代。

白色的王莲花在傍晚开放的时候会吸引很多甲虫，这是因为花朵里面不仅为甲虫提供了特别的食物（不是花粉和花蜜，而是心皮上的淀粉质附属物），而且也为甲虫提供了一个温暖的居所。研究表明，亚马逊王莲花朵中央的温度甚至可以比外界环境的温度高出10.2℃。这温暖舒适的居所，让众多甲虫乐不思蜀，甚至都没有注意到王莲的花朵会慢慢闭合。第二天早晨，随着王莲的花朵完全闭合，几乎所有的甲虫都暂时被关在了花朵牢房之中。直到太阳下山，已经转变为粉红色的花瓣才会慢慢打开，被关了一个白天的甲虫迫不及待地逃离"牢房"，当然它们身上也沾满了花粉，这些贪恋温暖和美食的甲虫会就近选择那些新开放的白色花朵。而释放完花粉的花朵又会慢慢闭合，然后沉入水下，进而孕育下一代了。

依靠花朵的开合以及变色机制，王莲不仅完成了花粉的输送，并且尽可能地避免了自花授粉，大自然的精妙设计让笔者也不得不佩服。

漂浮叶片的奇迹

表面温柔的王莲叶片，在水面之下却是另一副模样：凸起的叶脉之上布满了尖刺，让那些觊觎美味叶片的水生动物无处下嘴，也因此保护了自己。但是对于幼嫩的王莲茎叶，这种防护设施还不够强大，食草鱼类还是会威胁到这些植物。所以要想在池塘中很好地生存，植物们一定要留心里面的"原住民"，鲤鱼、草鱼对王莲的叶子可一点儿都不嘴软。

不过王莲叶子最特别的地方，还不是那些尖刺，而是那些叶脉形成的网格结构。王莲叶片的承重能力，恰恰是与这种结构相关的。这些突出的叶脉并不是平均的，而是分为主叶脉和次级叶脉，它在空间上复杂排列的结构，为之提供了出色的机械强度。据说，英国水晶宫的设计师正是受到王莲叶脉的启发，才设计出了那座空前的玻璃建筑。

除了叶脉，王莲叶片中的气囊也为之提供了额外的浮力，让王莲更好地适应水生环境。让"王者"傲然于水中。

自然界有很多我们想不到的神奇植物，而王莲是众多奇特植物的一种，走近王莲，一睹其风采，也许这个夏天就能实现呢！

延伸阅读：亚马逊王莲和克鲁兹王莲

亚马逊王莲和克鲁兹王莲的形态基本相同，那怎么分辨它们呢？当然好办，亚马逊王莲花萼的整个远轴面都有刺，而克鲁兹王莲的花萼仅在远轴面的基部有少量刺或者无刺；亚马逊王莲的叶边缘竖起的高度比克鲁兹王莲的低；克鲁兹王莲的叶直径大于亚马逊王莲。

木棉:
长出了白羊毛的攀枝花

中文名: 木棉

学名: *Bombax malabaricum*

178

我相信很多人是从舒婷的这首诗开始认识木棉的,"我如果爱你——绝不像攀援的凌霄花,借你的高枝炫耀自己……我必须是你近旁的一株木棉,作为树的形象和你站在一起。"正因为这首诗,木棉成了完美爱情的象征。凌霄的小心机和木棉的朴实忠厚形成了鲜明的对比。

不过,我对木棉的最初印象却来自一个童话故事。有一位妈妈带着两兄妹靠纺线织布为生。老妈妈白天织布,晚上还要在月光下纺纱,眼睛几近失明。兄妹俩踏上了寻找光明的路。后来偶遇仙人得到一种神奇的药丸,吃了以后就可以为人间的夜晚带来光明,但是再也不能以人形活在世间了。兄妹俩眉头都没皱就吃下了药丸,后来哥哥变成了木棉树,而妹妹变成了油桐树,木棉果子中的纤维可以做成灯芯,而油桐籽可以榨油。这样,就给夜晚带来了别样的光明。这就是我对木棉和油桐的最初记忆。

再后来,到南方见到了高大的木棉树,兴奋地在树下拍照。这个时候却被路旁的阿婆提醒,小伙子要小心被花朵砸了脑袋啊。好吧,爱情、亲情、砸脑袋,哪个才是木棉的真身呢?

高不可攀的攀枝花

在读舒婷那首诗的时候,北方的朋友对木棉的印象除了高大,剩下的就是朦胧。因为木棉所在的木棉科木棉属整个家族都集中分布在热带和临近的亚热带地区。花朵上的5片花瓣,厚重的花萼片,以及毛球一样的雄蕊群是这些植物共同的特征。全世界木棉属植物大约有50种,分布在中国的只有两种,其中木棉是分

布最广的、为大家所熟知的物种。

但是，木棉天性喜欢温暖的天气，最适宜的生活温度是23~31℃。它们在冰天雪地的北方大地无处容身，所以长久以来，中原文化里并没有多少关于木棉的印记。它倒在岭南文化中占有重要地位，不仅有英雄树的传说，上文提到的那个童话故事也是岭南文化的传承。在公元前2世纪，当时的南越王就曾经向汉朝皇帝进献过木棉树。只是对于这些木棉树在北方的遭遇并没有详细的记载，估计也只是作为一个巨大的插花新鲜了两天就变木柴了。

这样看来，像我这样的北方小伙子难于理解木棉树的深意，也就不值得奇怪了。木棉的特别并不仅仅在于它们高大的树干，更在于它们华丽如火的花朵,就如同北方的迎春花一样，一树火红的木棉花（攀枝花）是岭南地区春天起跑的发令枪。

会砸脑袋的花朵可变酒

远看一树火红的花朵，多半会觉得它们就像杜鹃花那样纤薄。这样想就大错特错了，木棉多汁硬挺的花朵就如同雕塑一般。如果说杜鹃花是娇柔的妹子，木棉花真可以算得上是劲道十足的肌肉男了。从几十米高的地方掉落下来，真的能在人的脑袋上敲出一个疙瘩。

当然了，这些花朵本来就不是为人类准备的，它们要招待的是一众动物。蜜蜂和熊蜂之类的昆虫自不必说，花粉满满的雄蕊群和花蜜充盈的花朵底部都是它们撒欢打滚的好地方。早春开花的花朵并不多，而木棉恰恰为这些早早就开始忙碌的昆虫提供了充足的食物，作为回报，昆虫也为这些美丽的花朵提供了传播花粉的服务，也算是两情相悦。

不过，并不是所有的食客都那么守规矩，比如暗绿绣眼鸟（英文名Japanese White-eye，学名zosterops japonicus）就是吃白食的强盗。这些鸟儿仗着尖锐的鸟喙，可以轻松啄开那些还没有完全绽放的花蕾，早早地就开始享用里面的花蜜了。有些蜜蜂也跟着一拥而上，干起了盗蜜者的生意。想来，木棉花有如此厚重的花萼和花瓣也就不值得奇怪了。

虽然，在木棉花跌落之前，其中的花蜜和花粉早就被蜜蜂和熊蜂等一众食客抢收一空了，但是这并不妨碍那些在树下久候的人类，以更大的热情来收集花朵。

进入餐盘的花朵

人类收集跌落花朵的热情一点儿都不比那些动物低，清代《学海堂志》记载了广州街头在木棉花开时候的情景，"花开则远近来视，花落则老稚拾取，以其可用也"，这种一拥而上抢木棉花的习惯一直延续到二十世纪五六十年代。时至今日，很多老人还保留着收集木棉花的习惯。

在有些地方，这些花朵会被当作蔬菜食用。但是更多时候，这些花朵会被晒干，变成凉茶（五花茶）的原料。据说，正是有木棉花的加入，凉茶才有了消炎降火的功效。虽然有一些实验表明，木棉花提取物可以抑制有害细菌的生长，同时有抗氧化和抗肿瘤的作用，但是这些实验要么缺乏临床实验，要么缺乏样本统计量，总之，吃吃无妨，至于效果就不要苛求了。

除了炒菜、泡茶，还有"好事"的人们酿造出了木棉酒，

只不过这种酒并非是用纯的木棉花朵酿造，因为木棉花朵的含糖量实在是太低了，大概仅能占到花瓣重量的1%。要想得到醉人的酒浆，必须在木棉花榨汁时加入适量的糖，加以发酵。据说如此酿制的木棉花酒不仅有木棉花的芳香，还有琥珀般的色泽。但是，看到这个酿造过程，总能让我想起那个一层冰糖一层葡萄泡出来的葡萄酒。赏赏花朵的美丽即可，至于说美酒的滋味，最好还是让它成为一种念想为好。

不能纺线的棉絮果

如今，木棉花落之后，很少再有人关注这些挺拔的树木了，以至于它们的果子是什么时候成熟的都鲜有人关心。因为这些果子虽然在样子上极似棉花的棉桃，但是就价值而言，完全不能跟棉花相比。

因为木棉的纤维缺乏良好的弹性，只要随便压压，揉搓一下，就会失去松软的状态，变成硬疙瘩。不仅无法成为纺线的原料，甚至作为被褥的填充物都不能算是合格的对象。所以长久以来，其用处顶多也就是当当枕头芯。至于灯芯那个差事，在电灯普及之后就完全丢掉了。

但是，木棉纤维也有自己的优点。比如木棉纤维中的空腔比棉花要大，这就意味着能容纳更多的空气，具有更好的隔热保暖效果。有很多研究者正尝试将木棉纤维应用在帐篷和睡袋等需要保暖的户外设备中。

话说回来，人家木棉的棉絮根本就不是用来为人类纺纱织布、缝衣保暖用的，这些纤毛承担着更重要的使命——载着种子远走高飞。在很多描述中，木棉的棉絮都被比作种子的降落伞，就像蒲公英那样御风而行。其实，这只是这些绒毛很小的作用，比起降落伞，它们重要的工作是充气垫。那些飘落到河流中的种子会随着河水，或者泛滥的洪水激流直下，这也是在河岸边多见木棉的一大原因。

美洲来的奇怪表兄弟

木棉的身姿高大秀丽，但是过于高大的树冠也会给城市建设带来一些麻烦，比如在大风中扫过电线或者建筑物的外墙，那就尴尬了。而同属于木棉科的表兄弟——美丽异木棉就不会惹这样的麻烦。它们天生个头儿不高，但是却一点儿都不耽误其贡献美丽的花朵。虽然不如木棉花的颜色炽烈，但孔雀模样、粉黄相伴的美丽异木棉花朵有着别样的可爱。只是，美丽异木棉的树干不讨人喜欢，浑身上下满满的都是尖刺，想来是在美洲的土地上生活要应对更多食草动物的威胁，于是才长成了这副模样。

除了浑身都是刺的美丽异木棉，木棉属的植物还要在火热的多肉圈里插上一脚。混进来的就是长成足球或者乌龟的龟纹木棉（*Bombax ellipticum*）。在厦门园林植物园中有一个龟纹木棉，因为根和茎的良好配合，还真像一个翘首而望的大乌龟。与木棉和美丽异木棉的生活环境不同，龟纹木棉主要生活在一些干旱区域，所以它们拥有非常发达的块茎，这些块茎中储藏的水分可以帮助它们度过干旱的日子。

木棉的棉絮也好，异木棉的尖刺也罢，既不是为人类而生的便利工具，也不是为难人类的花样陷阱，这些都是生命演化历程的杰作。想想看，我们人类又何尝不是如此，适应才是生

命之歌永恒的旋律。在未来的路上，我们仍将与这些攀枝花和大棉花相伴而行。

延伸阅读：木棉和棉花有什么区别

木棉与棉花虽然相像，但是它们的来源完全不同。木棉的棉毛来自内果皮，而棉花的棉毛则是果皮的纤毛。简单来说，木棉的棉絮只是种子的假发套，棉花的棉毛才是种子的真头发。

樱花:
花雨制造者的前世今生

中文名: 日本晚樱 "关山"
学名: *zosterops japonicus*

　　大家赏樱花也只是最近十年的事情。各地的樱花景观、樱花节，甚至樱花美食都吸引了大批游客，不管是北京的玉渊潭公园，武汉大学的校园，还是我们的邻国日本，一到春天总会挤满了赏樱花的人群。然而，樱花的灿烂并不会维持很久，长则半月，短则一周。但是，我们常会感觉到整个春天人们都在观赏樱花，这又是为什么？

　　答案很简单，我们看到的樱花不止一种，它们是蔷薇科李属的一类植物。通常，我们能看到的樱花有寒绯樱、山樱花、东京樱花和樱桃花等，各种樱花的花期相错，就给了我们樱花常开的错觉。这些樱花都有什么来头，它们又是如何在我们的生活中占据一席之地的呢？

被挤在墙脚的中国樱花

　　我们今天所说的樱花是蔷薇科李属樱亚属的一个家族，野生成员有120种，至于说各种栽培杂交种就数不胜数了。究竟怎么认出樱花呢？大家不妨记住几个辨识樱花的诀窍：首先，樱花的花朵都是有花梗的，并非紧贴枝条开放；其次，每朵花中只有1根绿色花柱，这跟海棠有明显不同；再者，樱花的花瓣顶端或深或浅都有一个缺口，这是桃、李、杏、苹果、海棠所没有的特征。再加上樱花的嫩叶是对折在一起的，以及树皮上有明显的环状纹路，我们就能很轻松地识别出樱花了。

　　虽然樱花可以成为春天的花雨制造者，但是它在中国一直都不是明星花卉。相对于文人笔下梅兰竹菊"四君子"的风光，花朵耀眼的樱花一直是在庭院的角落里挣扎着。它偶尔也会出现在一些古诗词当中，比如白居易是这样描述它的："小园新种红樱树，闲绕花枝便当游。"可是，在典籍中却鲜有关于樱花的记载，像《花镜》和《植物名实图考》对樱花的描述都是一笔带过。樱花被冷落，大概是因为樱花缺乏一个进入中国人生活的坚实的理由。

反观中国花卉的历史，我们就会发现，很多植物是因为自身的实用性进入人们的视野，继而才被请入花园。比如，牡丹和芍药可供入药，而桃、李、杏、梅则能提供丰硕的果实，竹子更是非常好的建筑材料。这样一比较，樱花的地位就略显尴尬了。虽然说，樱家族的樱桃也可以提供果实，但遗憾的是，原产我国的中国樱桃并不是一种很好的水果，个头儿小、质地软、供应期短，一直都不受重视。再加上中国古人对植物分类学并没有浓厚的兴趣，根本就没有区分各种观赏樱花和樱桃。樱花不受重视，也是在情理之中。我想，樱花的内心一定是凌乱的。

东洋樱花的根在哪里

虽然中国有48种野生樱花，但是却未能成为中土的明星花卉。它们反倒在东洋之地找到了更好的栖身之所，并逐渐发展出一个庞大的观赏樱花家族，虽然那里只有10个野生种分布。

最近几年，樱花原产地的问题被吵得不可开交，有学者提出樱花就是原产于中国，必须认祖归宗；有的学者则认为樱花的原产地是日本（也有一说法是韩国）。双方各执一词，互不相让。

那些持中国原产地观点的学者认为，通过形态和遗传学分析，特别是加上DNA分析的证据，可以有把握地说樱花家族的老祖宗都来自喜马拉雅区域，所以樱花应该算是中国的。其实，这是把野生樱这个物种的起源与栽培樱花的起源混为一谈了，就好像非要说面包师傅的杰作是面粉厂的功劳一样。诚然，没有面粉就

做不出面包，但是做面包已经是一个独立而重要的环节，其中的价值不言而喻。

实事求是地讲，今天的栽培樱花家族能如此繁盛，日本的园艺学家功不可没，众多著名的品种，比如大寒樱、染井吉野樱、日本晚樱"关山"，都是他们培育出来的。从平安时代起，樱花就取代梅花而成为日本的"国花"（日本皇室则使用菊花作为符号）。在江户和明治时代，樱花的选育工作更是如火如荼地展开，很多著名的品种都是在这一时期出现的。到今天，日本仍然是樱花品种选育的中心，大量的优秀品种从这里输出到包括中国在内的世界各地。绝大多数栽培樱花品种都源自5个野生种，它们是大岛樱、霞樱、山樱花、大叶早樱（日本名"江户彼岸"）和钟花樱桃（日本名"寒绯樱"）。在这5个野生种中，前4个在日本本土都有野生生长，大岛樱甚至还是日本的特有种。

关于樱花的起源问题，科普作家刘夙在他的文章中曾经给出了一个中肯的结论，可以这样来总结，如果追溯植物演化历史，樱花家族起源于中国的喜马拉雅区域，而栽培樱花的发源地则是日本。

樱花家族的姊妹们

到今天，樱花已经不再是山林间走出的小野花，它们已经发展成为一个庞大的家族。个中成员，不仅有形态各异的原生种，还有各种各样的杂交种。从寒意料峭的初春到暖意融融的初夏，樱花能陪伴我们走过整个春天，为融融春日添上粉白的色彩。

在这些樱花中，最早开放的当属寒绯樱。听名字就知道，这种樱花在每年的2月天气仍然寒冷的早春，就开始展现自己绯红的花朵了。它们的中文学名是钟花樱桃或者福建山樱花，因倒挂的钟形花朵而得名。寒绯樱深红色的花朵就像寂静早春里的一簇簇火焰，燃烧的不仅仅是色彩，更是生命的激情。

在寒绯樱之后，樱花的主力东京樱花就上场了，它们的花朵就是我们熟悉的樱花形象了，每朵花都有5片或者层层叠叠的花瓣。粉红色的花朵随风垂落的时候，透露的是一种悲壮的美感。

在寒绯樱和东京樱花谢幕之后，山樱花的"一支队伍"——日本晚樱才开始登场。这种樱花的花朵通常花瓣较多，显得更丰满。它们的新叶也透着红色。这种樱花花期稍长，所以成为很多公园和道路绿化带的上佳选择。

樱花可以结樱桃吗

经常有朋友问我，樱花和樱桃有什么关系？樱花结的果子能吃吗？广义上来说，所有樱花植物结的果子，我们都可以称其为樱桃，当然也是可以吃的，只不过大多数观赏樱花的果子很小，酸涩味儿十足，有的甚至非常苦（西藏地区的一个种就非常苦），所以很少有人打它们的主意。

市场上售卖的可食用樱桃，主要有3种，分别是中国樱桃、欧洲酸樱桃和欧洲甜樱桃。中国樱桃个头儿比较小，质地比较软，虽然味道不错，却不适合长距离运输，所以现在出现在市场上的频率很低。我们买到的新鲜樱桃通常是欧洲甜樱桃，这种樱桃个头儿大，质地比较硬，同时甜度也不错，于是成为鲜食樱桃的主流。至于欧洲酸樱桃，则更多地出现在各种罐装食品和蜜饯中，因为它们实在是太酸了。不过因为好栽种产量高，它们依然在市场上占有一席之地。看来樱花家族提供的热闹远不止在我们的眼

中，还在我们的舌尖之上。

顺便提醒，不要随便在公园中摘食樱花的果子，且不说破坏植物是种不文明的行为，这本身也会给采摘者带来风险。因为公园为了防止病虫害，通常会在花卉上喷洒农药，而这些农药显然不是为了食用准备的，吃下去的后果可想而知。

虽然观赏樱花的果子不堪食用，但是它们的花瓣却异常美丽，早就被用在了糕点配料中，如今，更是成为应季高档菜肴的装饰。各种与樱花相关的食品也被迅速研发出来。樱花和樱桃最终还是走在了一起，殊途同归大概就是这个意思了。

延伸阅读：樱花都是在春天开放吗

还真不是，樱花家族中有一个不按规矩出牌的成员——十月樱。这种樱花一年会开两次花，分别是每年的3月下旬或4月上旬，以及10月至12月。十月樱是彼岸樱系列的栽培品种，江户末期（1800年代）就已广泛栽植。秋天看樱花还真的是别有一番韵味。